福建省VR/AR行业职业教育指导委员会推荐
中国·福建VR产业基地产教融合系列教材

VR 实景拍摄与制作

主编 李榕玲 叶昕之 雷乃旺

北京理工大学出版社
BEIJING INSTITUTE OF TECHNOLOGY PRESS

内 容 简 介

本书内容兼具目前市面上较为少见的 VR 实景项目制作流程，基础与实践相结合。全书共 7 章，主要内容包括初识 VR 实景摄影、VR 实景的硬件和使用、VR 实景拍摄、素材图片后期、VR 实景图片的拼接、VR 实景图片后期和 VR 实景漫游制作。理论学习结合设计实践，实现无缝对接，便于更直观地理解与掌握知识点和技能点。

本书可作为虚拟现实技术应用等专业的教材使用，也可供技术人员学习和参考。

版权专有　侵权必究

图书在版编目（CIP）数据

VR 实景拍摄与制作 / 李榕玲，叶昕之，雷乃旺主编 . —北京：北京理工大学出版社，2021.6（2021.9 重印）

ISBN 978-7-5682-9018-0

Ⅰ . ①V… Ⅱ . ①李… ②叶… ③雷… Ⅲ . ①虚拟现实 – 教材 Ⅳ . ①TP391.98

中国版本图书馆 CIP 数据核字（2020）第 170822 号

出版发行 / 北京理工大学出版社有限责任公司
社　　址 / 北京市海淀区中关村南大街 5 号
邮　　编 / 100081
电　　话 /（010）68914775（总编室）
　　　　　（010）82562903（教材售后服务热线）
　　　　　（010）68944723（其他图书服务热线）
网　　址 / http://www.bitpress.com.cn
经　　销 / 全国各地新华书店
印　　刷 / 雅迪云印（天津）科技有限公司
开　　本 / 889 毫米 × 1194 毫米　1/16
印　　张 / 7　　　　　　　　　　　　　　　　责任编辑 / 王玲玲
字　　数 / 225 千字　　　　　　　　　　　　　文案编辑 / 王玲玲
版　　次 / 2021 年 6 月第 1 版　2021 年 9 月第 2 次印刷　责任校对 / 刘亚男
定　　价 / 49.80 元　　　　　　　　　　　　　责任印制 / 施胜娟

图书出现印装质量问题，请拨打售后服务热线，本社负责调换

福建省 VR/AR 行业职业教育指导委员会

主　　任：俞　飚　网龙网络公司高级副总裁、福州软件职业技术学院董事长
副 主 任：俞发仁　福州软件职业技术学院常务副院长
秘 书 长：王秋宏　福州软件职业技术学院副院长
副秘书长：陈媛清　福州软件职业技术学院鉴定站副站长
　　　　　林财华　网龙普天教育副总经理
　　　　　欧阳周舟　网龙普天教育运营总监
委　　员：（排名不分先后）
　　　　　胡红玲　福建第二轻工业学校
　　　　　张文峰　北京理工大学出版社
　　　　　刘善清　北京理工大学出版社
　　　　　倪　红　福建船政交通职业学院
　　　　　陈常晖　福建船政交通职业学院
　　　　　许　芹　福建第二轻工业学校
　　　　　刘天星　福建工贸学校
　　　　　胡晓云　福建工业学校
　　　　　黄　河　福建工业学校
　　　　　陈晓峰　福建经济学校
　　　　　戴健斌　福建经济学校
　　　　　吴国立　福建理工学校
　　　　　李肇峰　福建林业职业学院
　　　　　蔡尊煌　福建林业职业学院
　　　　　杨自绍　福建林业职业学院
　　　　　刘必健　福建农业职业技术学院
　　　　　鲍永芳　福建省动漫游戏行业协会秘书长
　　　　　刘贵德　福建省晋江职业中专学校
　　　　　沈庆焉　福建省罗源县高级职业中学
　　　　　杨俊明　福建省莆田职业技术学校
　　　　　陈智敏　福建省莆田职业技术学校
　　　　　杨萍萍　福建省软件行业协会秘书长
　　　　　张平优　福建省三明职业中专学校
　　　　　朱旭彤　福建省三明职业中专学校
　　　　　蔡　毅　福建省网龙普天教育科技有限公司
　　　　　陈　健　福建省网龙普天教育科技有限公司

郑志勇	福建水利电力职业技术学院
李　锦	福建铁路机电学校
刘向晖	福建信息职业技术学院
林道贵	福建信息职业技术学院
刘建炜	福建幼儿师范高等专科学校
李　芳	福州机电工程职业技术学校
杨　松	福州旅游职业中专学校
胡长生	福州软件职业技术学院
陈垚鑫	福州软件职业技术学院
方张龙	福州商贸职业中专学校
蔡洪亮	福州商贸职业中专学校
林文强	福州商贸职业中专学校
郑元芳	福州商贸职业中专学校
吴梨梨	福州英华职业学院
饶绪黎	福州职业技术学院
江　荔	福州职业技术学院
刘　薇	福州职业技术学院
孙小丹	福州职业技术学院
王　超	集美工业学校
张剑华	集美工业学校
江　涛	建瓯职业中专学校
吴德生	晋江安海职业中专学校
叶子良	晋江华侨职业中专学校
黄炳忠	晋江市晋兴职业中专学校
许　睿	晋江市晋兴职业中专学校
庄碧蓉	黎明职业大学
陈　磊	黎明职业大学
骆方舟	黎明职业大学
张清忠	黎明职业大学
吴云轩	黎明职业大学
范瑜艳	罗源县高级职业中学
谢金达	湄洲湾职业技术学院
李瑞兴	闽江师范高等专科学校
陈淑玲	闽西职业技术学院
胡海锋	闽西职业技术学院
黄斯钦	南安工业学校
陈开宠	南安职业中专学校
鄢勇坚	南平机电职业学校
余　翔	南平市农业学校

苏　锋　宁德职业技术学院
林世平　宁德职业技术学院
蔡建华　莆田华侨职业中专学校
魏美香　泉州纺织服装职业学院
林振忠　泉州工艺美术职业学院
程艳艳　泉州经贸学院
庄刚波　泉州轻工职业学院
李晋源　泉州市泉中职业中专学校
卢照雄　三明市农业学校
练永华　三明医学科技职业学院
曲阜贵　厦门布塔信息技术股份有限公司艺术总监
吴承佳　厦门城市职业学院
黄　臻　厦门城市职业学院
张文胜　厦门工商旅游学校
连元宏　厦门软件学院
黄梅香　厦门信息学校
刘　斯　厦门信息学校
张宝胜　厦门兴才职业技术学院
李敏勇　厦门兴才职业技术学院
黄宜鑫　上杭职业中专学校
黄乘风　神舟数码（中国）有限公司福州分公司总监
曾清强　石狮鹏山工贸学校
杜振乐　石狮鹏山工贸学校
孙玉珍　漳州城市职业学院
蔡少伟　漳州第二职业中专学校
余佩芳　漳州第一职业中专学校
伍乐生　漳州职业技术学院
谢木进　周宁职业中专学校

编 委 会

主　任：俞发仁

副主任：林土水　李榕玲　蔡　毅

委　员：李宏达　刘必健　丁长峰　李瑞兴　练永华
　　　　江　荔　刘健炜　吴云轩　林振忠　蔡尊煌
　　　　黄　臻　郑东生　李展宗　谢金达　苏　峰
　　　　徐　颖　吴建美　陈　健　马晓燕　田明月
　　　　陈　榆　曹　纯　黄　炜　李燕城　张师强
　　　　叶昕之

Preface
VR实景拍摄与制作

前 言

　　虚拟现实（Virtual Reality）是近年来十分活跃的技术研究领域。目前，其应用已广泛涉及军事、教育培训、工程设计、商业、医学、影视、艺术、娱乐等众多领域，并带来了巨大的经济效益。随着VR虚拟现实技术的兴起，VR成为最有前景，并且是最佳的交互体验式的显示方式。VR技术已经开始逐步进入人们的生活中，目前多家大型硬件生产商开始升级其旗下的VR/AR的应用分发平台，如Apple的AR Kit、Google的AR Core等。

　　VR实景拍摄给人一种前所未有的浏览体验，让用户足不出户就能身临其境地感受到现场的环境。VR实景摄影是利用相机环拍360°得到一组照片，再通过专业软件无缝处理拼接得到一张全景图像。该图像可以用鼠标随意上下、左右、前后拖动观看，也可以通过鼠标滚轮放大、缩小场景。图像内部可放置热点，单击可以实现场景的转换切换。除此之外，还可以插入语音解说、图片及文字说明等富媒体信息。

　　VR实景摄影是一种性价比极高的虚拟现实解决方案。其是用真实的照片来得到沉浸的感觉，这是一般图片和三维建模都无法达到的。VR实景摄影和一般图片都可以起到展示和记录的作用，但是一般图片的视角范围有限，也毫无立体感，而VR实景摄影不但有720°的视角，而且可以带来三维立体的感觉，让观察者能够沉浸其中。

　　三维建模的立体感和沉浸感无疑比 VR 实景更强，但是三维建模的制作需要大量的人力、物力，特别是希望达到非常真实的程度时，而 VR 实景的拍摄和制作相对来说都是非常简单方便的，尤其是数据量很少，系统要求低，适合以各种方式在各种终端设备上观看。

　　所以 VR 实景不但可以全方位地记录某时某地的现场情况，还可以让人们将某个地方的实景用三维立体的方式表现出来，这样性价比极高的展示方式和记录手段是一般图片和三维建模根本无法完成的。

　　本教材具有较强的针对性，教材内容兼具目前市面上较为少见的 VR 实景项目制作流程，技术基础与实践相结合，内容包括：第 1 章初识 VR 实景摄影，主要介绍 VR 的概念、VR 实景的概念、VR 实景摄影的特点、VR 实景摄影的优势、VR 实景摄影的应用领域；第 2 章 VR 实景的硬件和使用，主要介绍拍摄 VR 实景需要使用的主要设备和部分配件，以及使用这些设备的注意事项；第 3 章 VR 实景拍摄，介绍了数码相机的使用、节点的校正、VR 地面实景的拍摄方法、无人机的使用、VR 实景航拍的步骤、VR 实景视频拍摄的方法；第 4 章素材图片后期，介绍拍摄素材后期的处理方法和 Lightroom 软件应用；第 5 章 VR 实景图片的拼接，主要介绍了素材图片拼接成 VR 实景图片的方法和注意事项；第 6 章 VR 实景图片后期，主要讲解 Photoshop 软件在图像调色和处理上的应用；第 7 章 VR 实景漫游制作，主要讲解将 VR 实景图片制作成 VR 实景漫游的步骤。

　　在内容设计上，通过将章节划分成小节后分别阐述，主要章节内容阐述后，配有设计与实践案例解析，做到理论结合实际，更好地学习菜单、命令等内容，更加容易理解和消化知识要点和重点。理论结合设计实践，实现无缝对接，以便更直观地理解与感悟知识点，达到学习的目的。

　　本教材由网龙网络有限公司和福州软件职业技术学院联合编写，编写过程中参考了许多国内外专家和学者的优秀著作，得到了福建省 VR/AR 行业职业教育指导委员会的大力支持，在此一并表示感谢。

　　由于编者水平有限，教材中难免有所不足，欢迎广大读者批评指正！

编　者

Contents
VR 实景拍摄与制作

目 录

第 1 章 初识 VR 实景摄影
1.1 VR 的概念 / 002
1.2 VR 实景的概念 / 003
1.3 VR 实景摄影的特点 / 003
1.4 VR 实景摄影的优势 / 005
1.5 VR 实景摄影的应用领域 / 006

第 2 章 VR 实景的硬件和使用
2.1 VR 实景摄影的主要设备 / 011
    2.1.1 数码相机 / 011
    2.1.2 镜头 / 012
    2.1.3 实景云台 / 013
    2.1.4 三脚架 / 013
    2.1.5 智能无人飞行器（无人机）/ 014
2.2 VR 实景摄影的部分配件 / 014
    2.2.1 无线快门 / 014
    2.2.2 存储卡 / 016
    2.2.3 VR 实景一体机 / 017

第 3 章 VR 实景拍摄

3.1 数码相机的使用 / 019
- 3.1.1 光圈 / 019
- 3.1.2 快门 / 022
- 3.1.3 感光度（ISO） / 023
- 3.1.4 测光 / 025
- 3.1.5 白平衡 / 028
- 3.1.6 对焦 / 029
- 3.1.7 焦距 / 030

3.2 相机的镜头 / 030
- 3.2.1 焦距和视角、成像的关系 / 031
- 3.2.2 焦距对 VR 实景摄影的影响 / 032

3.3 云台 / 033
- 3.3.1 普通云台 / 033
- 3.3.2 实景云台 / 033

3.4 镜头节点 / 034

3.5 VR 实景地面拍摄方法 / 036
- 3.5.1 正常视角拍摄 / 036
- 3.5.2 补天补地拍摄 / 037

3.6 无人飞行器（无人机） / 039
- 3.6.1 无人机的基本结构 / 039
- 3.6.2 无人机使用的注意事项 / 040
- 3.6.3 无人机的操作方法 / 041
- 3.6.4 使用无人机进行 VR 实景航拍的方法 / 042

第 4 章 素材图片后期

4.1 拍摄素材的格式 / 044
- 4.1.1 JPG 格式 / 044
- 4.1.2 RAW 格式 / 044

4.2 Lightroom / 045
- 4.2.1 Lightroom 的界面 / 045
- 4.2.2 Lightroom 的调色功能 / 048
- 4.2.3 素材的导出 / 053

第 5 章　VR 实景图片的拼接

5.1　认识 PTGui / 056

5.2　PTGui 的操作界面 / 056

5.3　PTGui 合成 VR 实景图的方法 / 057

5.4　PTGui 手动设置控制点 / 059

5.5　蒙版的使用 / 064

5.6　PTGui 输出设置 / 066

第 6 章　VR 实景图片后期

6.1　VR 实景图片后期软件 / 069

　　6.1.1　认识 Photoshop / 069

　　6.1.2　Photoshop 的界面 / 069

　　6.1.3　Photoshop 的工具 / 071

6.2　VR 实景航拍补天 / 073

6.3　VR 实景图片补地 / 076

　　6.3.1　认识 Pano2VR / 076

　　6.3.2　Pano2VR 的界面 / 076

　　6.3.3　Pano2VR 打补丁 / 080

第 7 章　VR 实景漫游制作

7.1　添加热点 / 086

7.2　添加多边形热点 / 090

7.3　添加声音 / 091

7.4　添加图片 / 093

7.5　添加视频 / 095

7.6　VR 实景漫游视角设置 / 096

7.7　输出 VR 实景漫游 / 098

第 1 章
初识 VR 实景摄影

VR 实景技术也称为虚拟实景、全景 VR、VR 全景，是通过计算机技术实现全方位互动式观看真实场景的还原展示；是对全景照片或者全景视频添加交互操作，实现自由浏览，以 VR 的方式体验全景世界。图 1.1 所示为景区 VR 实景示例。

图 1.1　VR 实景图片

※ 1.1　VR 的概念

VR 是 Virtual Reality（虚拟现实）的英文缩写，虚拟现实技术是一种可以创建和体验虚拟环境的计算机仿真系统，利用计算机生成模拟环境，是一种多源信息融合的交互式的三维动态视景和实体行为的系统仿真，使用户沉浸到虚拟的环境中。

虚拟现实技术是仿真技术的一个重要方向，是仿真技术与计算机图形学、人机交互技术、多媒体技术、传感技术、网络技术等多种技术的集合，是富有挑战性的交叉技术前沿学科和研究领域。图 1.2 所示为 VR 技术体验外置设备示例。

图 1.2　VR 技术体验外置设备

※ 1.2 VR 实景的概念

VR 实景技术是利用实景照片建立虚拟环境，按拍摄照片、图像拼接、合成场景的顺序来完成虚拟现实的创建。

VR 实景摄影是把相机环绕 720°拍摄的一组照片素材拼接成一个经过变换显示的平面图像，使用专用的播放软件或程序在互联网上展示，能够通过使用鼠标控制观看的方向，可左，可右，可上，可下，可近，可远，使观看者感到身处环境之中，像在一个窗口中浏览拍摄地点的景象。拍下的原始照片将经过相应软件拼接处理，建立一个视角展开的平面图像，在播放时，把该图像放在正确的空间位置上，仿真实际的 3D 环境，观看全景照片时的位置就是仿真拍摄时相机所在的位置。可以用鼠标拉动来动态观看，"沉浸"到原来的 3D 环境之中。

需要注意的是，VR 实景技术并不等同 VR 技术，VR 实景技术是 VR 技术的一个分支。VR 实景技术基于实景照片或视频，记录和处理只能做到虚拟实景，而 VR 技术创建的是一个完全虚拟的世界。VR 能够让体验者获得沉浸于虚拟世界的体验，并且能够在这个虚拟世界中与虚拟环境实现交互，而 VR 实景技术能做的只是观看一个环境。

VR 技术可以让人身临其境地处在一个房间中，并且进行多种多样的强交互，如图 1.3 所示。

图 1.3 VR 技术观看体验

VR 实景技术是让人沉浸式地观看所处的房间，只能进行一部分和富媒体有关的弱交互，如图 1.4 所示。

图 1.4 VR 实景技术观看体验

※ 1.3 VR 实景摄影的特点

VR 实景摄影是对实景进行 720°全方位的图片或信息形式的媒体采集，利用计算机技术制作一个三维立体的空间。综上所述，可知全景摄有三个特点：

1. 全方位

打破了传统平面照片的观看方式，而是把拍下来的平面照片放在一个仿真的 3D 环境中，并利用互联网的动态交互式特点，给观看者不同程度的 3D 观感。这是一种全新的观看平面照片的方式，全方位展示拍摄当下 720°可视范围内的所有景物，如图 1.5 所示。

2. 场景真实

VR 全景是通过图片或视频拼接而成的媒体文件，完美地保留了信息采集现场的真实性，可最大限度地还原拍摄当时的现场，如图 1.6 所示。

3. 空间感

通过拼接处理和特殊的观看形式，使得采集的图片和视频得以呈现球形环视的播放效果，给观看者一种三维立体的空间感受。图 1.7 所示为用小行星视角观看的 VR 实景图片。

图 1.5　潮州西湖公园 VR 实景航拍

图 1.6　潮州韩愈公园 VR 实景拍摄

图 1.7　潮州西湖公园 VR 航拍小行星观看模式

这些特点使 VR 实景摄影受到了不少人的青睐，在国内外都有许多爱好者不断在拍摄全景，在互联网上可以找到许多网友自发拍摄发布的全世界各地的 VR 实景图片，由此衍生出许多 VR 实景制作和播放的软件或浏览器插件。从 20 世纪 90 年代 VR 实景问世到今天，在 20 多年的时间里，VR 实景技术始终在缓慢地发展。

※ 1.4　VR 实景摄影的优势

① 真实性强，实时还原拍摄当下的场景，如图 1.8 所示。

图 1.8　厦门第八市场

② 播放设备要求低，普及面广，可以使用电脑或手机上的播放器观看。
③ 数据量少，适合随时观看，利于传输和推广。图 1.9 所示为 VR 实景拍摄与 3D 建模对比。

虽然 VR 实景摄影具有上述优势，但相对也有一些不足，其 3D 效果相对较差，交互性和沉浸感也相对较弱。

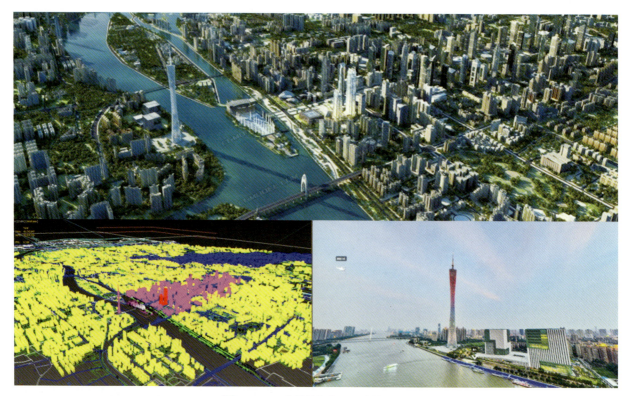

图 1.9　VR 实景拍摄与 3D 建模对比

※ 1.5　VR 实景摄影的应用领域

VR 实景是一种新兴的富媒体技术，其与视频、声音、图片等传统的流媒体最大的区别是可操作、可交互。利用实景和虚拟技术的结合，可实现 720°球形环视观看。目前，VR 全景除了在娱乐领域获得极大成功外，在商业领域也成为焦点，被政府、景区、企业、校园、展会等广泛应用在营销推广上。

1. 旅游业

VR 实景图片可以用于展示旅游景区和城市景观，将不同的景区使用漫游的手段连接起来，旅游景点虚拟导览 720°展示全景区的旖旎风光。结合景区游览图虚拟导览展示，可以制作风景区的介绍，符合国家新兴倡导的全域旅游的发展理念。图 1.10 所示为 VR 实景拍摄应用于旅游景区展示。

2. 酒店业

VR 实景图片利用网络远程虚拟浏览酒店的外观、大厅、客房、会议厅等各项服务场所，可以让客人在未到店的情况下先观看到酒店的设施及房间的情况，了解酒店舒适的环境、完善的服务，有利于提升酒店的形象，促进客房的预订。图 1.11 所示为 VR 实景拍摄应用于酒店设施展示。

图 1.10 景区 VR 实景航拍

图 1.11 酒店外观 VR 实拍

3. 房地产

利用 VR 实景浏览技术，可以展示楼盘的外观及房屋的结构、布局、室内设计，购房者在家中通过网络即可仔细查看房屋的各个方面，提高潜在购买欲望。更重要的是，采用 720°VR 实景技术可以在楼盘建好之前将其虚拟设计出来，方便房地产开发商进行销售。和传统的房地产通过模型展示相比，VR 实景拍摄比传统的方法制作更加便捷，成本也相对较低。图 1.12 所示为 VR 实景拍摄应用于房产装饰展示。

图 1.12　房产 VR 实拍

4. 校园展示

在学校的宣传介绍中，通过 VR 实景校园虚拟展示，可以实现随时随地地参观优美的校园环境，展示学校的实力，学生及家长入校前会先重点观看校园环境、食堂及宿舍等场景，通过 VR 实景漫游的展示，可以制作校园导览路线。图 1.13 所示为 VR 实景拍摄应用于校园导航展示。

图 1.13　校园 VR 航拍

5. 其他展示行业

对于博物馆、展览馆、展会活动等大型场所和活动,使用 VR 实景漫游的展示方式可以更好地记录和展示。图 1.14 所示为 VR 实景拍摄应用于展馆展示。

图 1.14　纪念馆 VR 实拍

VR 实景技术在被称为"VR 元年"的 2016 年获得了爆发式的增长,人们对 VR 实景技术也由原来的陌生到了解,从迷茫好奇到需求运用。2017 年央视春晚等多个活动赛事进行了 VR 直播,2018 年智慧城市、全域旅游的发展和推动,2019 年 5G 大爆发,VR 实景技术也将伴随着通信技术的发展从互联网+时代飞越进 5G 时代,取得 5G+VR 应用的长足进步。图 1.15 所示为 VR 实景技术与 5G 技术结合。

图 1.15　VR 实景技术与 5G 技术结合

第 2 章
VR 实景的硬件和使用

和传统的拍摄相比，VR 实景摄影也需要使用图像或者视频记录设备，但是 VR 实景摄影的拍摄中有一个至关重要的概念——节点，VR 实景摄影所有的设备都要保证做到围绕节点拍摄。所以，在硬件上，与传统拍摄最大的差异就在摄影云台上，无论是 VR 实景图片的拍摄还是 VR 实景视频的拍摄，都需要用到特殊云台设备。

图 2.1 中展示了一个地面 VR 实景摄影的拍摄系统，针对这个系统，本章将逐一讲解，带读者了解地面 VR 实景摄影所需使用的设备。

图 2.1　常见 VR 实景摄影设备

※ 2.1　VR 实景摄影的主要设备

2.1.1　数码相机

理论上，只要可以手动设置参数，调节光圈、ISO、快门速度、白平衡等功能，进行图像采集的设备都可以用来拍摄 VR 实景，但是为了方便起见，推荐使用数码单反相机，对品牌、型号没有硬性规定。图 2.2 所示为数码相机。

图 2.2　数码相机

2.1.2 镜头

虽然任何镜头都可以用来拍摄 VR 实景，但是由于焦距和视角的关系，镜头焦距越短，视角越大，需要拍摄的源素材就越少；相反，镜头焦距越长，视角越小，需要拍摄的源素材就越多。图 2.3 所示为数码相机镜头。

图 2.3　镜头

但是如果以 VR 实景的分辨率为考量因素，越多的源素材可以制作出分辨率越高的 VR 实景图；反之，分辨率则较低。为了更加方便地拍摄 VR 实景，建议选择焦距较短、视角较大的镜头，例如 16 mm 的广角镜头或是 8 mm 的鱼眼镜头。

鱼眼镜头是一种特殊的广角镜头。其焦距极短，并且视角接近 180°，如字面意思，像鱼眼一样。和普通的广角镜头相比，鱼眼镜头更适合拍摄 VR 实景图片，在拍摄有移动物体的场景时，拍摄的视角越广，出错的概率越小，也越方便完成 VR 实景图片的拍摄。图 2.4 所示为 8～15 mm 鱼眼镜头。

介绍完相机和镜头之后，需要额外提示初学者一个注意事项，即不同品牌、不同型号的相机和镜头的接口各不相同，在购买镜头的时候，需要注意自己使用的是全画幅的数码相机还是半画幅（APS-C）的数码相机，确认之后再购买相对应卡口的镜头。

图 2.4　鱼眼镜头

2.1.3 实景云台

实景云台不同于传统的球形云台。在实景云台上,通过节点校正,可以保证在实景拍摄中,无论相机如何旋转,相机镜头的节点始终保持在一个固定的位置,从而保证拍摄完成的图片可以顺利拼接成一个 VR 实景图片。图 2.5 所示为实景拍摄云台。

图 2.6　三脚架

由于拍摄环境的复杂性,部分情况需要更换三脚架的脚垫,有时需选择脚钉将脚架固定在地面上,有时又需要选择大面积脚垫来保证三脚架与地面有足够的摩擦力,但是无论如何,其目的都是保证三脚架和相机的稳定性。图 2.7 所示为两种常见脚垫类型。

图 2.7　常见脚垫类型

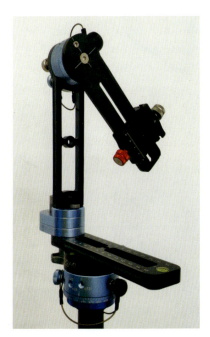

图 2.5　实景拍摄云台

在选择实景摄影的三脚架时,需要考虑稳定、承重、便携、价格四个方面。参考以下几个参数。

（1）材质

常用的材质有铝合金和碳纤维两种。铝合金的价格相对较低,但质量比较大,不便于携带。碳纤维脚架的档次要比铝合金脚架的高,便携性、抗震性、稳定性都要好。

（2）承重范围

三脚架之上有单反和云台,承重是一个很重要的参数,三脚架的承重要与装备组合的质量匹配,一般需要承重 5 kg 以上。

（3）高度

拍摄全景图时,构图的重要内容之一是视平线的高度。在保证高度的前提下,中轴升起高度越低、脚管伸展越少、脚管直径越大,则越稳定。

2.1.4 三脚架

三脚架最主要的功能就是稳定和支撑相机。VR 实景摄影对稳定性的要求非常高,三脚架的稳定性显得尤为重要,建议选择高强度材料制作的三脚架,兼顾稳定性和便携性。图 2.6 所示为三脚架收放的三种形态。

（4）自重、折起长度

在稳定的前提下，要尽可能轻便，尽量选择质量小、收纳高度低的脚架。

2.1.5 智能无人飞行器（无人机）

随着科技的进步和普及，智能无人飞行器已经逐步进入大众生活，和地面拍摄 VR 实景一样，通过无人飞行器也可以进行 VR 实景的航拍。无人飞行器航拍全景能够给观众全新的观看视角，获得不一样的观看体验。图 2.8 所示为无人机。

图 2.8　智能无人飞行器

2.2　VR 实景摄影的部分配件

2.2.1　无线快门

使用无线快门拍摄可以为拍摄增添更多灵活性和使用范围。图 2.9 所示为无线快门使用示例。

图 2.9　无线快门

1. 防止画面抖动

手按快门瞬间，力量导致相机抖动、歪斜是难以避免的，可能会影响画面的整体质量和清晰度。相机快门线起到了防止相机、画面抖动的作用，可将相机固定或者放置在比较平稳的地方，用快门线进行曝光、快门的控制。图 2.10 所示为相机抖动与否的拍摄效果对比。

(a)　　　　　　　　　　　　　(b)

图 2.10　抖动影响效果对比

（a）抖动；（b）未抖动

2. 长时间曝光

一般相机自带的最长曝光时间为 30 s（B 门模式下曝光时间可以无限延长）。夜景、星空需要比较长时间的曝光，才能更清晰地拍摄到物体。图 2.11 所示为长曝光拍摄光轨效果。

图 2.11　长曝光效果

3. 拍摄避免影子和反射物体

实景摄影因为要拍 360°的景物，在户外光照下有快门线能避免拍摄者的影子入镜。同时，在有镜子、水面等反射物体前拍摄时，也可以很好地避免拍摄者由于反射而入镜。图 2.12 所示为影子对拍摄的影响。

图 2.12　影子影响效果对比

2.2.2　存储卡

存储卡是摄影必备的摄影附件，选择存储卡要注意三点：速度、内存、质量。图 2.13 所示为存储卡上标识解释。

图 2.13　存储卡标识解释

1. 读取速度

存储卡上都会标有一个数字，这个指的就是数据的读取速度，写入速度是相机拍摄照片后存储到卡上的速度。一般读取速度要比写入速度快（所以卡上标的都是读取速度），写入速度大于 30 MB/s 基本都够用。

2. 内存容量

常见内存有 8 GB、16 GB、32 GB、64 GB、128 GB 等。标 32 GB 的，实际容量并没有 32 GB，因为软硬件对于内存容量的算法不同，内存的正规算法是"二进制"，即 1 GB= 1 024 MB；而厂商的算法是"十进制"，1 GB= 1 000 MB。

3. 质量

质量好的存储卡在传输速度等方面有较大的优势，也可以相对保证拍摄素材的安全。

存储卡使用注意事项：

① 不要热拔插。

② 一定要有备用存储卡。

③ 低电量时不拍摄。

④ 不要一张一张地删照片。

⑤ 导出素材时，使用复制命令，切勿使用剪切命令。

2.2.3　VR 实景一体机

VR 实景一体拍摄设备一般有两个或更多的球形取景镜头，拍摄时，可自动拍摄多角度素材，一般可用配套的专业软件导出生成 VR 实景图。实景一体拍摄设备的优点在于一键即可生成实景，但是相对于专业设备，拍摄的成品画质较低。图 2.14 所示为部分实景拍摄一体机。

图 2.14　部分实景拍摄一体机

第 3 章
VR 实景拍摄

※ 3.1 数码相机的使用

VR实景摄影既然叫摄影，就涉及数码相机的使用，这对于许多初学者来说是不容易的，许多人使用数码相机时，大多使用自动模式，但是在VR实景摄影中，这个模式是绝对不可以使用的，会严重影响VR实景图片的合成效果。

虽然摄影的水平高低会影响VR实景图片素材拍摄的水平，但是VR实景摄影中对数码相机的使用有一定的规律，甚至可以说是简单的固定参数。本节内容帮助初学者快速进行数码相机的学习，进而进行VR实景拍摄。

一部分初学者在使用相机的过程中，使用的都是自动挡拍摄，对数码相机的参数不甚了解。首先，进行VR实景拍摄需要使用的是数码相机的M挡，M挡是数码相机的全手动挡位。在M挡的模式下，可以主动调节VR实景拍摄的光圈、快门、ISO等参数，从而达到更好的效果。图3.1所示为数码相机屏幕参数显示界面。

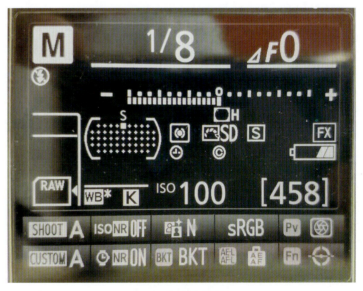

图 3.1　相机主屏界面

3.1.1　光圈

光圈是用镜头内叶片开口的大小来控制光线透过镜头进入机身感光元件的光量的装置。光线通过开口进入相机内。通过控制光圈可以改变镜头的进光量的多少。光圈在相机内用 F 值表示，相邻数值之间相差 $\sqrt{2}$ 倍数关系。光圈和光圈值成反比，光圈值越大，光圈越小，口开得越大，光线进入越多，成像就越亮。图 3.2 所示为光圈开合程度图示。

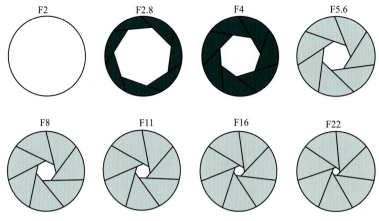

图 3.2　光圈开合程度

1. 光圈对数码照片的影像

（1）光圈决定进光的速率

光圈越大，F 值越小，表示镜头内进光孔越大，单位时间内进入的光线越多，进光能力越强。

（2）光圈影像图像背景虚化能力

光圈越大，进光孔越大，背景虚化能力越强。从小孔成像的原理可知，光线在穿过焦点前后是扩散的，扩散两边形成一个大圆，叫作弥散圆，两个弥散圆之间的距离就是当前的景深。而整个背景是大于弥散圆的，在弥散圆范围之外的景象都会变得模糊。光圈越大，弥散圆越小，背景也就越容易虚化。图 3.3 所示为光圈进光量和景深的关系。

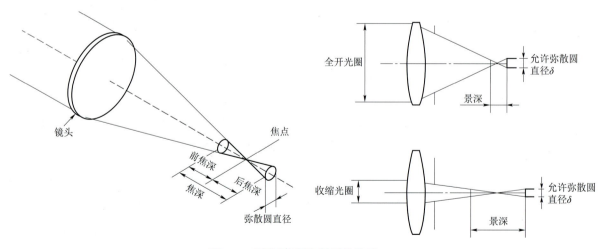

图 3.3　光圈进光量和景深的关系

2. 不同光圈的作用

（1）大光圈

比 F2.8 更大的光圈通常叫作大光圈。大光圈由于进光量大，可以配合快门将快速移动的物体瞬间拍摄下来，也可以虚化背景拍摄特写，让主体从背景中凸显出来。图 3.4 所示为虚化背景拍摄效果。

镜边缘的光线，可以规避掉这个问题。

使用大光圈拍摄还容易出现一个问题，即物体边缘出现"紫边"。通常深色大光比的物体边缘容易出现紫边。紫边在前期拍摄过程中是不可避免的，但是可以通过后期修图软件去除。图 3.6 所示为拍摄中出现的紫边现象。

图 3.4　大光圈虚化背景

（2）小光圈

比 F8 小的光圈通常叫作小光圈，小光圈由于进光量少，配合慢门可以拍摄运动轨迹，如流水、星轨、车流、光绘等，也可以将光点变成散射状，拍摄发光物体的光芒。图 3.5 所示为光圈对光线效果的影响。

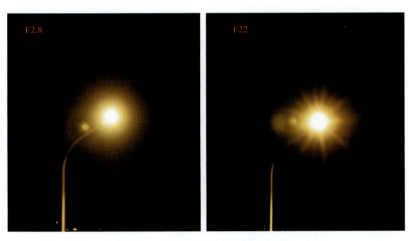

图 3.6　紫边效应

2）缩小光圈

小光圈拍摄容易发生衍射。由于光沿直线传播，在遇到障碍物或小孔时，光线将偏离直线传播，这个过程叫作光的衍射。在现实生活中，因为光的波长很短，衍射现象很难察觉到。但是在数码相机中，由于其成像的原理，很容易出现光线的衍射现象，不仅使物体的阴影失去了清晰的轮廓，还会出现明暗相间的亮纹。图 3.7 所示为光线的衍射效果示意。

图 3.5　光圈对光线效果的影响对比

（3）光圈选择

不同的相机和镜头搭配的最佳光圈是不一样的，一般来说，画幅越大，镜头的最佳光圈越小；画幅越小，镜头的最佳光圈越大。

1）开大光圈

如果把光圈开得很大，进入镜头的光线就会很多，镜头内透镜的边缘也会允许光线通过镜面，从而导致成像点周围出现杂光干扰，图像不够锐利，就是俗话说的比较"软"或者比较"肉"。缩小两挡光圈，阻隔透

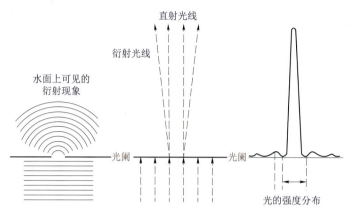

图 3.7 衍射效果示意

镜头最佳成像质量通常出现在中段的光圈值中，一般来说，从最大光圈缩小两挡开始到衍射临界光圈。可以从 F5.6 开始至 F11，在不同的环境下灵活选择光圈的大小。

实景摄影中，一般使用 F8 光圈，室内拍摄可以选择稍微大一些的光圈，如 F7、F5.6，尽量不要使用最大光圈。室外拍摄光线好的时候，可以使用更小的光圈，如 F9、F11，尽量不要超过 F13。图 3.8 所示的相机屏幕参数界面中，光圈值设置为 F8。

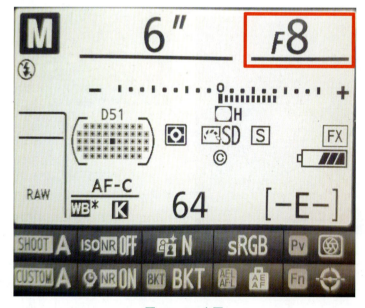

图 3.8　F8 光圈

3.1.2　快门

快门是相机的重要组成部分，无论是传统的胶片相机还是现在的数码相机，快门都是一个必不可少的部件，它存在的重要意义在于控制曝光时间。快门速度的单位是"秒"。不同的相机能够调节的最快快门速度各不相同。相邻的两个快门速度之间的曝光量相差一倍。图 3.9 所示为数码相机快门结构开合示意图。

快门有几种衍生出来的概念，根据不同的快门时间来定义。

① 慢门：从快门打开到快门关闭的时间非常长，模式上通常叫"B门"。

② 高速快门：从快门打开到快门关闭的时间非常短。

③ 安全快门：为了保证获得清晰的成像，避免相机因抖动而造成图像模糊，从而采取的最低快门速度。部分情况下，如果拍摄的快门速度低于安全快门的速度，拍摄出来的图像就容易模糊。

安全快门速度并不是固定的，根据使用器材、拍摄环境的变化而变化。其没有绝对的对错，属于一个通过大量拍摄练习总结出来的经验值。在固定的快门速度下，焦距越长，震动越明显。

手持拍摄的时候，安全快门的快门速度分母应当大致等同于等效焦距的毫米数。为了给拍摄留有余地，至少使用焦段数值的两倍进行拍摄。例如 50 mm 的镜头，快门速度不低于 1/100 s。图 3.10 和图 3.11 所示为不同快门成像效果的对比。

图 3.9　快门结构开合示意图

快门是决定拍摄图像亮度的因素之一。快门重要的作用是决定曝光时间的长短。高速快门曝光时间短，图像不容易拍摄得太亮；低速快门曝光时间长，在整个快门时间内，相机都在接受光线的进入，曝光容易亮一些。

快门最重要的作用在于拍摄活动的物体。高速快门可以清晰地捕捉快速运动的物体。控制快门时间的长短可以得到不同效果的图像内容。

在拍摄完全静止的物体时，如果相机也是完全静止的状态，快门的作用就只在于获取曝光图像。当相机和拍摄物体处在相对运动的情况下时，才会凸显出快门的作用。

全景摄影尽量使用高速快门，一般情况下不要低于 1/4 s。高速快门不仅可以减小机器震动的影响，还可以减弱运动物体的拖影，更加清晰地捕捉移动物体的动态影像。

图 3.10　1/500 s 快门

3.1.3　感光度（ISO）

在传统的胶片相机时代，ISO 数值是衡量胶片相机使用的胶片感光速度的国际统一指标。在胶片相机时代，ISO 感光度是由使用的胶片决定的，每一个类型的胶片的 ISO 感光度数值都是固定的，属于胶片本身的一种属性，反映了胶片感光的速度，换而言之，就是胶片对光的敏感程度。

随着科技的发展，相机进入数码时代，所使用的不再是传统的胶片，而是使用感光元件 CMOS 来感受光线射入的强弱。为了和传统胶片相机统一计量单位，数码相机

图 3.11　1/13 s 快门

同样使用了 ISO 感光度的概念。数码相机的 ISO 感光度数值，同样反映了不同的感光元件 CMOS 对光的敏感程度。数码相机的感光度可以在一定的范围内自由调整，相较传统的胶片相机通过更换胶片的方式来改变 ISO 感光度，其方便了许多。

感光度的等级是倍数关系，相邻 ISO 之间的感光度相差一倍，数字越大，感光度越大。目前，通常称 ISO800 以下的为低感光度，ISO800～ISO6400 的为中感光度，ISO6400 以上的为高感光度。

感光度的作用如下。

① 提升 ISO，可以提升画面的曝光度。ISO 数字越大，对光线越敏感。

② 高感光度在提升图像亮度的同时，也会伴随噪点问题。ISO400、ISO800 和 ISO1600 是决定图像噪点多少的关键转折点。图 3.12 所示为不同 ISO 成像效果对比。

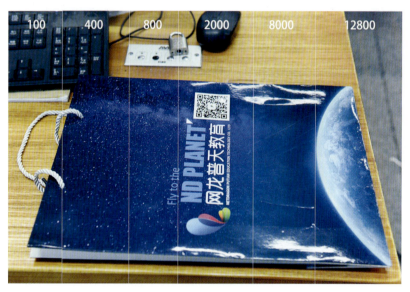

图 3.12　不同 ISO 成像效果对比

噪点产生的两个原因分别是拍摄时使用了高感光度和长快门时间。

ISO 数字越小，感光度越低，拍摄的画面越清晰；ISO 数字越大，感光度越高，拍摄的画面噪点也就越多。

实景摄影中，在光线充足的情况下，尽量使用低感光度来保证更高的画质和更细腻的细节表现力。室内拍摄可以视情况提升感光度至 ISO400。在光线不足或移动物体较多的情况下，设定好其他参数后，如果还不能得到正确的曝光，只能牺牲感光度，将 ISO 提高。

光圈、快门、感光度是对照片产生影响的最基本要素，称为曝光三要素。图 3.13 所示为数值效果示意图。

3.1.4 测光

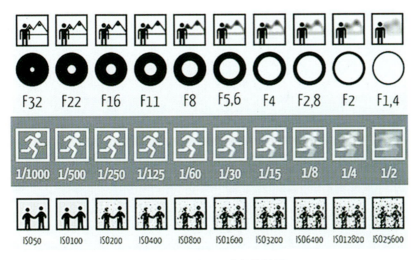

图 3.13 曝光三要素数值效果

在不同的拍摄环境下,为了实现正常的曝光,需要调整三个参数的数值。此消彼长,有增有减。在实际拍摄中,不需要强行记忆参数标准,只需要查看数码相机搭配的测光标尺即可了解当前的曝光是否正确。图 3.14 所示为相机屏幕参数界面中显示的测光尺示意。

图 3.14 数码测光尺

曝光三要素除了影响图像的曝光值外,还会对数码成像有其他的影响,相对重要的三个方面是:光圈会影响景深和镜头的锐度;快门速度影响图像的捕捉速度和图像中物体的清晰程度;ISO 感光度影响照片细腻程度。具体的数值变更要根据实际拍摄的环境来决定。

测光是计测合适曝光的过程。只有通过测光获得正确曝光,才能得到令人满意的照片。测光在图片的成像中起到了举足轻重的作用,即使有强大的软件做后期支持,但是如果前期的设置没做好,一切都是徒劳的。所以,在拍摄时,时时刻刻都需要调整至最舒服的光线。

什么是"正确曝光"?正确曝光是相对的,在同样的光照条件下,物体的浅色部分和深色部分的反光度不同,要用胶片(或 CCD 等电子感光器件)正确地表现出物体,针对浅色和深色部分的曝光量也是不一致的。换而言之,在同一拍摄取景范围内,只要物体反光度不同,必然有部分曝光不足或曝光过度。在这种情况下,只要想表现的主体曝光正确,这张照片就可以说是曝光正确。

测光模式大致有评价测光、局部测光、点测光、中央重点平均测光几种。图 3.15 所示为相机中常见的测光模式。

评价测光是一般相机默认的基本测光模式,使用率最为普遍。在取景范围内光线比较均匀,明暗反差不大的情况下,几乎都能得到一张满意的照片。其原理是将画面划分为多个区域,每个区域进行独立测光,然后统一计算出整个画面的测光平均值。这是最不容易出错的一种测光方式。平均测光的本质就是,兼顾画面里的每一个部分。分区越多,对画面各部分的光线采集就越多,图片的效果就越细腻。

图 3.15 常见测光模式

在评价测光模式下,高光部分不易过曝,同样,低光部分也不易过暗,适用于大多数拍摄情况,是很常用的一种模式。图 3.16 所示为评价测光拍摄成像效果。

图 3.16 评价测光效果

点测光,是数码相机只对画面中很小的一个点状区域进行精确、独立的测光,忽略画面其他部分。此方式用得极少,也不易掌握。但在某些情况下,点测光却能发挥出重要的作用。了解在何种情况下应该使用点测光,并能正确使用点测光,可使主体曝光精确。

点测光的最大优势是精确、灵活,能依据使用者的意愿灵活测定,有选择地突出画面中想要表现的一部分。但点测光是一柄"双刃剑",最大的问题同样也是需要自行选择测光点。确定测光点有一些基本原则:在大光比的环境下,选择画面亮部偏暗处或暗部偏亮处,选择最中庸的地方,选择整个区域的中间调。图 3.17 所示为点测光拍摄成像效果。

中央重点平均测光的原理和评价测光的原理类似,同样将画面分成若干区域,对每个区域独立进行测光。区别在于计算总体测光值时,并不是平均测算,而是中心点附近的权重更高。当需要表现的主体在取景范围中间部分,而环境明暗与主体有较大的差别时,选择中央重点平均测光,仅对中央大部分区域测光,能使主体的曝光较为准确。图 3.18 所示为中央重点平均测光拍摄成像效果。

图 3.17　点测光效果

图 3.18　中央重点平均测光效果

在 VR 实景摄影中，测光的原则是不要对着画面中最亮的地方，也不要对着最暗的地方，选择中间调，但是大部分时候建议使用评价测光。

3.1.5 白平衡

色温是照明光学中用于定义光源颜色的一个物理量（单位 K）。

白平衡是相机中用来平衡这种光线色彩偏移的功能。其作用是让相机对拍摄环境中不同光线和色温造成的色偏进行修正，从而准确还原被拍摄体的真实色彩。

同一个 K 值，色温与白平衡相反。色温越高，光越蓝；色温越低，光越黄白；平衡值越大，对蓝光的平衡能力越强，画面会变得越黄。图 3.19 所示为白平衡成像效果示意。

白平衡的模式有自动、闪光灯、荧光灯、晴天等。在实景摄影中，如果自动白平衡，在拍摄中会导致每张图片冷暖色调都不同，而选择一种预设的固定白平衡，即使前期拍摄不合适，后期也比较好调整。图 3.20 所示为不同白平衡拍摄成像效果对比。

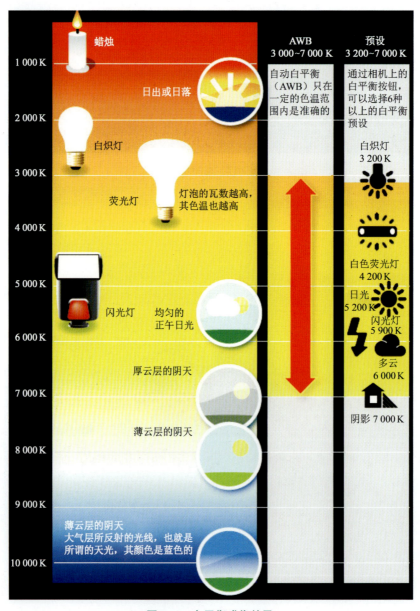

图 3.19 白平衡成像效果

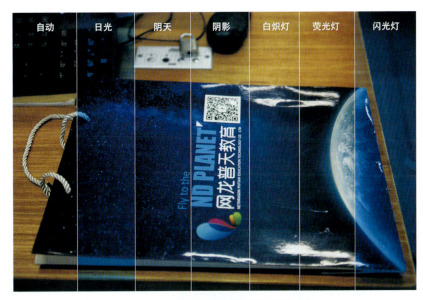

图 3.20　不同白平衡拍摄成像效果对比

3.1.6　对焦

在 VR 实景拍摄中,如果使用自动对焦,会对焦到前景的一个物体上。但是 VR 实景拍摄要求前后景都相对清晰,可以对焦到中间距离的位置上。图 3.21 所示为对焦部位和周边效果对比。

图 3.21　对焦部位和周边效果对比

3.1.7 焦距

除了相机上的可调整参数之外，镜头参数对于拍摄 VR 实景至关重要。而镜头众多的因素中，对 VR 实景影响最大的就是焦距。图 3.22 所示为不同镜头的焦距实例。

图 3.22 不同的镜头焦距

焦距是光学系统中衡量光的聚集或发散的度量方式，指平行光入射时从透镜光心到光聚集点的距离，也是照相机中从镜片中心到底片或 CCD 等成像平面的距离。综上所述，焦距是焦点到面镜的中心点之间的距离。图 3.23 所示为焦距原理图示。

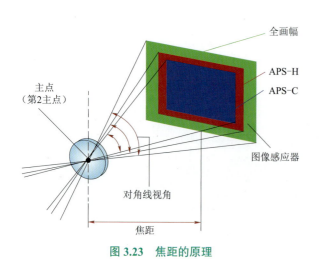

图 3.23 焦距的原理

※ 3.2 相机的镜头

就镜头的焦段选择而言，镜头分为变焦镜头和定焦镜头，如图 3.24 所示。

图 3.24 变焦镜头（a）和定焦镜头（b）

1. 变焦镜头

方便灵活，视角可变，给拍摄取景带来了很大的方便，深受一般摄影爱好者的喜爱。但结构复杂，光学组件相对运动，使得各焦距段成像质量（分辨率、畸变等）难以达到一致，所以成像质量难以达到较高水准。变焦倍率大的镜头更难获得较高的质量（变焦倍率等于最大焦距除以最小焦距）。

2. 定焦镜头

物美价廉，可以达到很高的成像质量。因为焦距固定，镜头内镜头组的数量减少，镜头的体积和质量减小，制造成本比同等品质的变焦镜头的低。

变焦镜头的最大光圈通常只有 F2.8 或者更小，定焦镜头的最大光圈可以达到 F1.4 或更大，如果拍摄建筑人像题材，或在照度较低的环境下，定焦镜头则是无可争辩的选择。

就镜头的光圈选择而言，镜头分为恒定光圈和非恒定光圈。图 3.25 所示为非恒定光圈镜头和恒定光圈镜头示例。

恒定光圈镜头与非恒定光圈镜头都只存在于变焦镜头中，定焦镜头的最大光圈不会发生变化，不存在是否恒定光圈的概念。

图 3.25　非恒定光圈镜头（a）和恒定光圈镜头（b）

光圈的标志都会标注在镜头上，如 1∶（3.5～5.6）和 1∶2.8 等。1∶（3.5～5.6）表示镜头最大光圈为 F3.5～F5.6，这就是非恒定光圈镜头。非恒定光圈镜头的最大光圈会随着镜头焦距的增加而缩小。1∶2.8 表示无论什么焦距的镜头，其最大光圈都是 F2.8，这就是恒定光圈镜头。

一般情况下，恒定光圈镜头的光学品质比非恒定光圈镜头的光学品质要好。

3.2.1　焦距和视角、成像的关系

① 数字小：代表焦距短，视野宽广，取景范围大，画面内容较多，物体个体较小。

② 数字大：代表焦距长，视野狭窄，取景范围小，画面内容较少，物体个体较大。

图 3.26 所示为焦距和视角的关系示例。

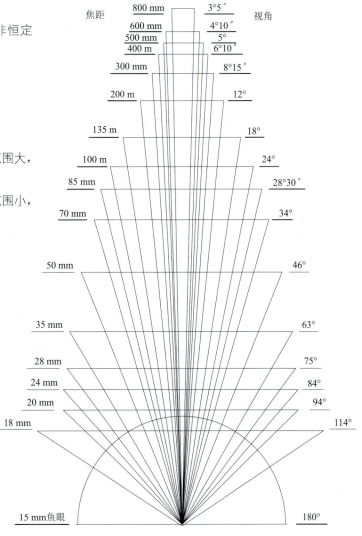

图 3.26　焦距和视角的关系

3.2.2 焦距对 VR 实景摄影的影响

VR 实景摄影焦距设置决定了拍摄场景的张数和图像分辨率的高低。

① 镜头焦距越短，取景范围越大，需要拍摄的图片数量就越少；而镜头焦距越长，取景范围就越小，从而需要拍摄更多的图片来完成 360°空间内的拼接。图 3.27 所示为使用短焦段拍摄图像示例。

图 3.27　8 mm 拍摄 VR 实景的数量

② 镜头焦距越长，拍摄的图片数量越多，拼接后图像的分辨率就越高；如果使用较短的焦距拍摄，则同一场景下相对的分辨率就越低。图 3.28 所示为使用较长焦段拍摄图像示例。

图 3.28　15 mm 拍摄 VR 实景的数量

综合考虑质量和效率，实景摄影通常使用 8 ～ 24 mm 焦距段进行拍摄。比较常见的有鱼眼镜头和超广角镜头。

※ 3.3 云台

3.3.1 普通云台

云台是安装在三脚架上方，连接三脚架和相机的中间构件，起到平衡与稳定的作用。图 3.29 所示为普通球形云台。

图 3.29　普通球形云台

云台中用得比较多的是球形云台和三维云台。

① 球形云台灵活性好，体积稍小，精度不是很稳定。

② 三维云台可以在单一维度方向做转动，适合高精度拍摄，但使用时相对麻烦一些，并且体积稍大，便携性稍差。

球形云台和三维云台都是普通云台，对于实景摄影来说，需要特殊的实景云台。

3.3.2 实景云台

① 调节镜头节点在一个纵轴线上转动，方便拍摄天与地。

② 让相机保持在水平面上进行水平转动拍摄，使相机拍摄节点在三维空间中的一个固定位置进行拍摄，保证拍摄出来的图像可以拼合成实景图像。图 3.30 所示为实景拍摄云台。

图 3.30　全景拍摄云台

※ 3.4 镜头节点

镜头节点是指整个相机套装的光学中心，简称节点，是相机镜头的光学中心，由于拍摄时通过镜头节点的光线在成像面上都不会产生折射，镜头转动时，被摄物体也就不会产生位移。节点随着镜头焦距的变化而改变，定焦镜头只有一个固定的镜头节点，变焦镜头可以有很多节点。在一个焦距下，任何一个方向上的光线穿过节点都不会产生折射，画面内的物体也不会产生位移。如果在拍摄 VR 实景图片的过程中节点发生了改变，转动相机拍摄的物体就会产生位移，这样的照片拼接出来就会出现裂缝。图 3.31 所示为镜头节点位置示例。

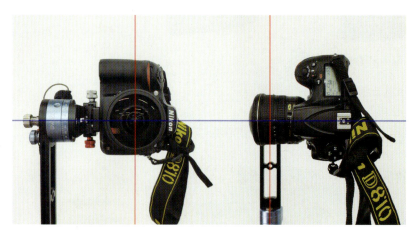

图 3.31　镜头节点

VR 实景拍摄的节点校正方法：

① 将云台竖板固定在分度盘上，上节臂拉直不用锁定，安装相机，找到远近两个重合的边缘。图 3.32～图 3.34 所示为寻找参考物图例。

图 3.32　寻找参考物

图 3.33　参考物图示

图 3.34　对准参考物

② 转动上节臂约 30°，前后调整相机位置，使两边缘继续合一，则该情况下上节臂上的刻度就是节点的其中一个数值。图 3.35 所示为改变相机角度示例。

图 3.35　改变相机角度

③ 将上节臂拉直，水平板固定到云台分度盘上，打开相机辅助线。将辅助线横向中线和分度盘中线重合，此时水平板上的刻度就是节点的另外一个数值。图 3.36 和图 3.37 所示为寻找相机垂直点示例。

图 3.36 寻找垂直点

图 3.37 垂直点图示

确定了数码相机和使用镜头的节点之后,调整好相应的曝光参数,就可以使用 VR 实景拍摄设备进行拍摄了。在拍摄的过程中,正常的视角拍摄都相对简单,有一些注意事项稍后会做详细说明。地面拍摄由于改变了视角和节点,相对变得困难。

摄一周若干张 VR 实景图素材。拍摄的数量与镜头的焦距有关。图 3.38 所示为 VR 实景拍摄方式示例。

※ 3.5　VR 实景地面拍摄方法

3.5.1　正常视角拍摄

VR 实景摄影的拍摄思路是根据镜头的焦距,先按照圆周拍摄完成正常视角内的一圈图片,再将设备向上和向下转动,补充拍摄天空和地面。

设置测光、参数、对焦,沿着一个方向,遵循每张图片与上一张图片重叠 40% ~ 50% 的原则拍照,拍

图 3.38 拍摄方法

3.5.2 补天补地拍摄

将上节臂放下,让镜头垂直向上,拍摄一张正上方的图片素材。图 3.39 所示为补充天空拍摄方法示例。

图 3.39 补充拍摄天空

由于拍摄过程中使用了三脚架,地面不可避免地会受到影响,出现一个空洞。图 3.40 所示为 VR 实景拍摄出现地面空洞示例。

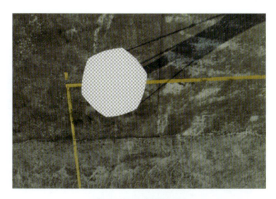

图 3.40 地面空洞

这种情况需要拍摄者在前期选择好三脚架设立的位置,尽量避开有复杂纹案的地面,后期可以很方便地使用图像软件进行修补。如果不可避免地要在复杂纹案上拍摄,则需要将全景云台外翻,移动脚架的位置,让镜头重新拍摄一张在拍摄 VR 实景图片时三脚架所在位置的图片,以便后期拼接使用。图 3.41 所示为补充地面拍摄示例。

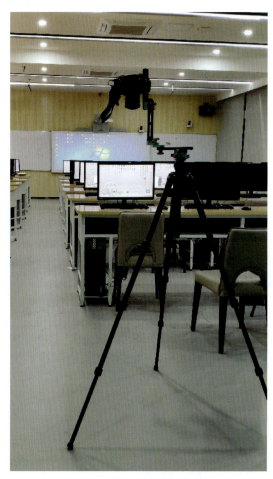

图 3.41 补充拍摄地面

经过以上三个步骤,VR 实景的地面拍摄就顺利完成了。

地面拍摄的步骤看似简单,但是在实际的拍摄过程中,往往有许多干扰因素存在,初学者通常不在意这些干扰因素,后期时痛苦万分。

初学者拍摄注意事项如下。

① 尽量选择没有移动物体的地方,或者在物体移动的间隙进行拍摄。一旦有物体快速经过,会导致拍摄出来的图片内容混杂,导致一幅 VR 实景图中有两个相同的物体,或是一个物体因为快速通过而只有一半显示在画面中,这些情况都对后期有十分大的影响,甚至导致素材不能使用。图 3.42 所示为移动物体经过镜头影像示例。

038 VR 实景拍摄与制作

图 3.42　移动物体经过镜头影像示例

② 尽量将设备放置在水平面上拍摄或将云台位置调整为水平，不水平的 VR 实景图片不会影响观看内容，但是会使观看者感到不舒服。图 3.43 所示为斜坡平台上拍摄示例。

图 3.43　斜坡拍摄

③ 尽量不要让拍摄者的影子和三脚架的影子出现在画面中。影子大部分情况下不会对 VR 实景图片产生实质影响，但是会降低后期制作的效率。图 3.44 所示为影子进入画面示例。

图 3.44　影子进入画面

④ 如果没有办法处于相机后方，尽量找一个可以藏身的位置。这就凸显出了无线快门的作用。减少拍摄因素的干扰就可以提升后期制作的效率。图 3.45 所示为反射物反射器材示例。

图 3.45　反射物反射器材

※ 3.6 无人飞行器（无人机）

3.6.1 无人机的基本结构

无人机是由无线电遥控设备或自身程序控制装置操纵的无人驾驶飞行器。可以自主驾驶、超视距飞行，通过复杂飞控系统与地面控制参数进行交互，从而控制飞机在空中的姿态。本书所说的无人机是一种四旋翼无人机，属于多旋翼无人机种类，这种无人机不需要跑道便可以垂直起降，起飞后可以在空中悬停，大大降低了学习飞行的难度，使没有接受过训练的人也可以通过短期的训练和练习掌握飞行控制的方法。多旋翼无人机是由支架、电动机、电调、桨叶、飞控系统组成的。图 3.46～图 3.49 所示为无人机及其主要结构示例。

图 3.48 无人机电调

图 3.49 无人机桨叶

图 3.46 无人机

图 3.47 无人机电动机

无人机的支架是无人机其余部件的承载结构，所有的部件都依赖支架进行飞行，支架的优劣很大程度上决定了无人机的寿命。

电动机是无人机动力系统的一部分，为桨叶提供动力。

电调的全称是电子调速器，用于驱动电动机。

桨叶通过旋转产生动力，影响无人机的飞行动力和方向。

飞控系统全称为无人机飞行控制系统，包含陀螺仪、加速计、地磁感应、GPS 模块和控制电路，是无人机保持正常飞行姿态的关键，并且可以实现自动返航和航线飞行等功能。图 3.50 所示为无人机飞控系统组件。

图 3.50　无人机飞控系统组件

拍摄 VR 实景图片的无人机还装备有云台，提供图像采集的作用。图 3.51 所示为无人机云台及相机组件示例。

图 3.51　无人机云台及相机组件

3.6.2　无人机使用的注意事项

无人机在飞行过程中，由于操作不当或客观因素的影响，会造成无人机损毁的情况。对于初学者来说，无人机使用的重中之重就是改变对无人机的认知态度。使用无人机时，应该把无人机当作生产工具，对操作要求严格规范，不能单纯地将无人机当作玩具。航拍一定要基于安全飞行，所以，在学习具体拍摄方法前，很有必要了解航拍的前期准备工作及注意事项，尽可能避免因处理不当造成的失误。

无人机飞行的注意事项具体来说有以下几点。

① 遵守法规，自觉申报，绝对不要在军事基地和机场附近等禁飞区飞行。图 3.52 所示为无人机禁飞区域示例。

② 虽然无人机具备超视距飞行（飞出飞行员可视范围）的能力，但是还是建议始终保持在视距之内飞行。

③ 飞行高度不要过高。一般情况下使用无人机进行 VR 实景航拍的高度都在 100 m 左右，超出这个范围既不利于飞行控制，也不利于后期图片的展示。

④ 注意起飞环境。起飞位置应选择空旷平面、远离人群和高压电线的位置。同时，要注意观察气象，大风、大雾和雨雪天气都不可以起飞。

⑤ 机体适合飞行。起飞前确保无人机的桨叶完整、电控、电调工作正常，电池、遥控器和操控平台电池充足，GPS 信号良好。使用部分无人机时，APP 会执行自检程序，在 APP 提示可以飞行的情况下飞行。

⑥ 指南针校正，确保操作界面的方位和机载系统认定的方位一致。

⑦ 集中精神，平稳、缓慢操作，密切关注操作平台的信息反馈。

⑧ 起飞前先开启遥控器，降落后先关闭无人机。

除了使用注意事项之外，无人机本身也需要注重保养。

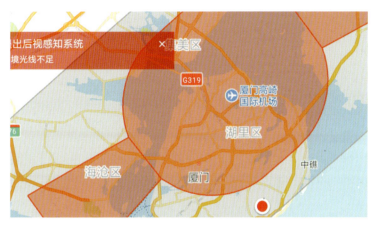

图 3.52 无人机禁飞区域示例

① 能观察到的最明显的异常就是电池是否正常,电池若出现鼓包现象,说明电池受损严重,这种情况下应该对电池进行报废处理,不得继续使用。

② 检查飞机机架是否出现破损和裂痕,机身螺丝是否紧固。

③ 检查减震垫是否完整且完好,如有缺失或破损,应该立即补充和更换新的减震垫。

④ 检查飞机机身上是否有干扰信号的物体,如含有金属的箔片等。

⑤ 不安装螺旋桨的情况下启动无人机,检查是否有报警声。

无人机的使用过程中,除了其本身需要注意之外,提供动力的电池也是需要重点关注的部分。电池保养的好坏直接决定了电池的状态和寿命,在平时使用时,需要注意电池的保养方法。

① 不要过放。所谓过放,就是把电池容量消耗到极限。现在的无人机操作平台上会有对电池电量的报警提示,在 VR 实景拍摄中,应该做到一听到报警,就尽快结束作业,操作无人机返航。

② 不要过充。部分电池在充满后没有满电断电功能,会继续充电,过充不但会影响电池寿命,还可能出现爆炸起火等危险状况。

③ 不要满电长时间保存。飞行任务结束之后,若长时间不打算飞行,不建议立即充电,应该在下次飞行任务前再充电。

3.6.3 无人机的操作方法

1. 检查

检查螺旋桨安装后是否闭合,云台的锁扣是否拆除。遥控器飞行挡位设置应在 P 挡。图 3.53 所示为无人机遥控器挡位示例。

图 3.53 无人机遥控器挡位

P 模式(定位):使用 GPS 模块或多方位视觉系统实现飞机精准悬停。该模式下,GPS 信号良好,可实现精准定位。GPS 信号不佳但光照条件充足的情况下,会使用视觉系统精准定位。

S 模式(运动):使用 GPS 模块或下视视觉系统实现精准悬停。该模式下,飞行器的灵敏度被提高。务必谨慎飞行,最大速度可达 20 m/s。

A 模式(姿态):不使用 GPS 模块与视觉定位系统,无法实现精准悬停和自主刹车,仅提供姿态增稳。若 GPS 信号良好,可使用自动返航功能;如果 GPS 信号不好,光线又不充足,飞行器会自动切换到姿态模式,该模式不会自动定位，也不能使用智能飞行功能。

2. 起飞

起飞是飞行过程的第一步，看似简单，但不能忽略这一步的重要性和危险性。起飞前需要确认周围安全，避免人或动物突然闯入。在无人机启动后，会自动上升一段距离，此时不要立即上推油门杆，先让无人机悬停片刻，观察是否有问题，确认没问题后，缓慢上推油门杆，让飞机稳定、缓慢地上升。

3. 飞行至预定拍摄位置

整个飞行的过程要牢记稳定、缓慢，通过控制平台反馈回来的信息和画面确认无人机的飞行状态和位置，在到达预定的拍摄范围后，先悬停飞机，转动相机方向，确认拍摄环境和选择拍摄的具体位置，确认完毕后进行拍摄。

4. 返航/降落

完成了拍摄任务之后，稳定、缓慢地操作无人机飞回降落地点。飞行过程中缓慢下降，在飞机接近地面时，由于无人机的避障功能，会出现短暂的停滞行为，此时不要紧张，继续缓慢地下压油门，让飞机缓慢地降落到地面。需要特别注意的是，无人机降落后，桨叶不会马上停止旋转，此时需要注意是否有人或动物靠近，继续下压油门，保持几秒，让无人机的桨叶停止旋转，之后立即靠近关闭无人机电源。

3.6.4 使用无人机进行VR实景航拍的方法

在掌握了无人机的飞行技巧之后，使用无人机进行VR实景航拍就变得容易得多，因为无人机的摄像头为了保持运动稳定，云台的节点就是整个相机的中心，而由于拍摄的距离较远，在空中出现短距离的位移并不会影响后期图片的拼接。

航拍VR实景也是由多张平面照片叠加的。飞行器需要稳定在一定的高度和距离上悬空，看着地面监控器，每张平面照片至少有40%的重合部分。重点主题突出部分可以多拍摄几张。图3.54所示为无人机航拍图片位置示例。

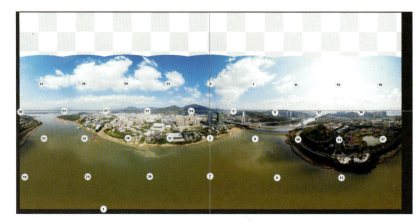

图3.54　无人机航拍图片位置示例

航拍VR实景步骤：

① 先拍摄一张正下方底部图片。

② 抬起云台，保证照片的重合度，再拍摄一张，依次拍摄完一个云台俯仰轴的限度，完成一个竖条的拍摄。

③ 转动摄像机（或转动飞行器并带动摄像机转动），保证画面重合30%或以上，继续完成竖条拍摄。同理，重复拍摄直至拍完一周。

此方法也可以在拍完底部第一张之后上移拍摄一圈，基本上一个航拍需要拍4圈左右。图3.55所示为无人机拍摄VR实景航拍操作示例。

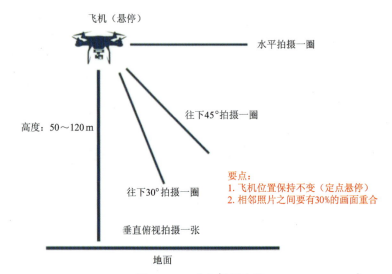

图3.55　无人机拍摄步骤

第 4 章
素材图片后期

※ 4.1 拍摄素材的格式

通常情况下，人们观看到的图像大部分是 JPG 格式的，JPG 和 RAW 是数码相机常见的文件存储格式，但是许多初学者对 RAW 比较陌生。本节将对这两种格式做详细的介绍和对比。图 4.1 所示为数码相机拍摄图像格式选择示例。

图 4.1　相机拍摄图像格式选择

4.1.1　JPG 格式

JPG（JPEG）是一种比较流行的图像存储压缩格式，通过去除"多余"的数据来减小储存大小。去除的数据对显示效果影响不大，通常的压缩比率为（10∶1）～（40∶1）。但是在压缩过程中丢掉的原始图像数据是无法恢复的，所以 JPG 是一种有损压缩格式。

JPG 的优点如下。

（1）兼容性好

JPG 格式是国际通用的工业标准格式，也是 Web 标准格式文件之一，几乎所有的计算机系统和图像处理软件都支持 JPG 格式文件。其对于文件的处理与共享来说，非常方便。RAW 文件都需要专用的软件对其进行处理或读取。

（2）体积小

JPG 是经过压缩的格式，占用的存储空间小，通过设置不同的压缩比会占用不同的存储空间。但是压缩比例不宜过高，压缩比高了，图像质量会明显下降。

JPG 文件占用存储空间小，在拍摄时，不管是连拍速度还是拍摄后的存储速度和回放速度，都会比 RAW 格式的快。JPG 文件也比 RAW 文件节省空间。

（3）处理便捷

JPG 文件是相机根据设置通过一定的算法由原始数据处理而来的，无论是色彩、锐度、对比度还是噪点，在一定程度上都已经处理到可以直接使用的程度。如果对直接从相机导出的图像不满意，使用各种图像处理软件可以很方便地对 JPG 图像进行调整。

4.1.2　RAW 格式

RAW 的优点如下。

RAW 是一种原始图像文件格式；数码相机芯片 CMOS 获取图像信息后未经任何处理，将图像的每个像素信息保存下来，是一种无损压缩。RAW 格式存储的图像由于数据信息存储的技术原因，未修正过的图像看上去蒙了一层灰，每张 RAW 格式图片的白平衡、色彩、锐度、对比度、噪点等，都需要后期在电脑中进行调整。

RAW 格式最大的优点就是后期调整的灵活性高，在熟练后期软件使用的情况下，最终获取的图像质量高，并且对细节的损失极小。即便通过 RAW 处理软件简单调整另存的 JPG 文件，其在锐度、画面层次、色彩等方面也要比直接用相机拍摄的 JPG 图像更好。

（1）调整白平衡

白平衡是对色温和色调的控制，后期在 RAW 文件中可任意调整。JPG 文件在拍摄时已经设置了白平衡，后期再通过软件修改色彩是一种有损调整，修改次数越多，图像的损失越大，容易出现类似噪点的杂色。白平衡的调整是 RAW 文件最常用的调整之一。

（2）调整曝光量、对比度、饱和度

RAW 文件图像拥有上下共 9 级左右的曝光宽容度，为后期调整明暗度、对比度和饱和度带来了便利，可以对图像进行较大幅度的调整且不降低图像质量。而对 JPG 图片进行这些调整，幅度非常有限，稍有不慎，即出现杂色，并且高光溢出的地方基本没有补救的余地。这些也是 RAW 文件用来控制图像质量的最重要的手段。

（3）调整锐度

在 RAW 文件的编辑软件中，调整锐度可以使图片看上去非常自然。而在后期软件中，通过常用 USM 锐化调整 JPG 图像，若设置不当，会在图形边缘产生光晕,甚至降低清晰度。

综上所述,在拍摄 VR 实景图片的时候,务必选择 RAW 格式。

※ 4.2 Lightroom

Adobe Lightroom 是 Adobe 公司出品的一款图片处理软件,主要支持各种 RAW 图像。此外,还能用于 JPEG、TIFF 等普通数码图像和数码相片的浏览、编辑、整理、打印等。与 Photoshop 相比,Lightroom 更加适合对 RAW 格式图片的编辑及大批量图片的处理。图 4.2 所示为 Lightroom 开启界面。

4.2.1 Lightroom 的界面

图 4.3 所示为 Lightroom 图库模块界面。

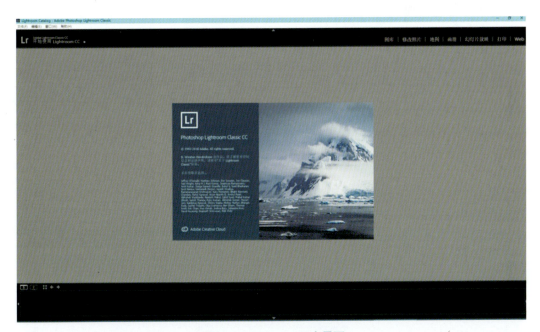

图 4.2 Lightroom 开启界面

图 4.3 Lightroom 图库模块界面

菜单栏：包含了 Lightroom 的所有工具和命令。图 4.4 所示为 Lightroom 菜单栏。

文件(F) 编辑(E) 图库(L) 照片(P) 元数据(M) 视图(V) 窗口(W) 帮助(H)

图 4.4　Lightroom 菜单栏

模块选取器：快速地调用需要使用的模块。在 VR 实景拍摄的图片调整中，只需要用到图库和修改照片模块。图 4.5 所示为 Lightroom 模块选取器界面。

图库 | 修改照片 | 地图 | 画册 | 幻灯片放映 | 打印 | Web

图 4.5　Lightroom 模块选取器界面

列表栏：调用导航器预览图片，显示目录列表、文件夹列表、收藏夹、发布服务列表，以及调整预览图片的大小。图 4.6 所示为 Lightroom 列表栏。

图像显示区：显示图像效果。图库模块中，显示所有导入的图片；修改照片模块中，实时显示图片的修改效果。图 4.7 所示为 Lightroom 图像显示区。

工具栏：图库模块下，使用标签及预览功能；修改照片模块下，出现参考和对比信息。图 4.8 所示为 Lightroom 工具栏。

调整参数：图库模块下，可以设置图像元数据；修改照片模块下，可以进行后期工具调整。图 4.9 所示为 Lightroom 参数调整栏。

图 4.6　Lightroom 列表栏

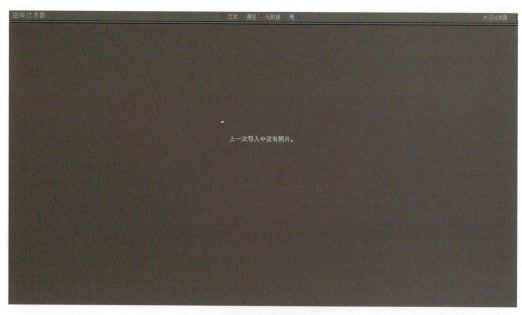

图 4.7　Lightroom 图像显示区

图 4.8　Lightroom 工具栏

胶片显示窗：显示目录下的所有图片，可以选择进行图像编辑。图 4.10 所示为 Lightroom 胶片显示窗。

图 4.10　Lightroom 胶片显示窗

Lightroom 在不同模块下的快捷键有所不同，但是系统内置了快捷键查看功能，在不同的模块下，按住 Ctrl+/ 组合键，软件会弹出该模块下的快捷键列表，方便查看。图 4.11 所示为 Lightroom 图库模块下快捷键列表。

图 4.9　Lightroom 参数调整栏

图库快捷键

视图快捷键

快捷键	功能
Esc	返回前一个视图
Enter	进入放大视图或1:1视图
G	进入网格模式
E	进入放大视图
C	进入比较模式
N	进入筛选模式
O	进入人物模式
Ctrl+Enter	进入即席幻灯片放映模式
F	全屏预览
Shift+F	切换到下一个屏幕模式
Ctrl+Alt+F	返回正常屏幕模式
L	切换背景光模式
Ctrl+J	网格视图选项
J	切换网格视图
\	显示/隐藏过滤器栏

星级快捷键

快捷键	功能
1-5	设置星级
Shift+1-5	设置星级并移到下一张照片
6-9	设置色标
Shift+6-9	设置色标并移到下一张照片
0	将星级复位为无
[	降低星级
]	提升星级

旗标快捷键

快捷键	功能
`	切换旗标状态
Ctrl+向上键	提升旗杆状态
Ctrl+向下键	降低旗杆状态
X	设置排除旗标
P	设置留用旗标

目标收藏夹快捷键

快捷键	功能
B	添加到目标收藏夹
Ctrl+B	显示目标收藏夹
Ctrl+Shift+B	清除快捷收藏夹

照片快捷键

快捷键	功能
Ctrl+Shift+I	导入照片和视频
Ctrl+Shift+E	导出
Ctrl+[	逆时针旋转
Ctrl+]	顺时针旋转
Ctrl+E	在Photoshop中编辑
Ctrl+S	将元数据存储到文件
Ctrl+-	缩小
Ctrl+=	放大
Z	放大到100%
Ctrl+G	堆叠照片
Ctrl+Shift+G	取消照片的堆叠
Ctrl+R	在资源管理器中显示
Backspace	从图库中移去
F2	重命名文件
Ctrl+Shift+C	复制修改照片设置
Ctrl+Shift+V	粘贴修改照片设置
Ctrl+向左键	上一张选定的照片
Ctrl+向右键	下一张选定的照片
Ctrl+L	启用/禁用图库过滤器

面板快捷键

快捷键	功能
Tab	显示/隐藏两侧面板
Shift+Tab	显示/隐藏所有面板
T	显示/隐藏工具栏
Ctrl+F	激活搜索字段
Ctrl+K	激活关键字输入字段
Ctrl+Alt+向上键	返回前一模块

图 4.11　Lightroom 图库快捷键列表

4.2.2 Lightroom 的调色功能

在进行 Lightroom 的调色功能讲解之前，先简略介绍 Lightroom 的基础操作。

1. 导入图片

图库模块下，导入图片的方式有：单击列表栏的"导入"选项；单击菜单栏的"文件"→"导入照片和视频"选项；按快捷键 Ctrl+Shift+I。单击之后会跳出导入图片面板，左边"源"面板会自动识别本地所有磁盘，选中文件夹时，会自动出现该文件夹下所有的媒体文件。勾选以选择相应的文件。图 4.12 所示为 Lightroom 图像导入界面。

选择好需要使用的文件之后，单击右下方的"导入"选项，可将文件导入软件进行编辑。

多次导入时，已经导入的文件会显示为灰色，表示不可再次导入。

2. 图片查看

Lightroom 导入文件后，在图像显示区域会出现所有导入的文件。图 4.13 所示为 Lightroom 图片查看界面。

图 4.12　Lightroom 图像导入界面

图 4.13　Lightroom 图片查看界面

第4章　素材图片后期

在工具栏内可以选择更改文件的显示视图。

① 在网格视图下，可以拖动右下角缩览图或按住 Ctrl+ 滚轮缩放文件视图。

② 在放大视图下，可以逐张查看文件，可以使用左右视图快速查看其他文件。

③ 在比较视图下，显示选中的文件。下方缩放视图滑块可以调整文件观看大小。滑块左边锁定按钮，可以选择是否同时缩放两个文件。按住鼠标左键可以同时拖动两个文件。

④ 在筛选视图下，将多个选中的文件都放入图像显示区，以便筛选。

⑤ 在人脸视图下，软件自动识别有人脸的文件，并自动将识别出的相同的人脸归类在同一个分组内。

导入了图片后，进入"修改图片"模块，右侧会出现色彩处理基础面板。图 4.14 所示为 Lightroom 色彩处理面板。

曝光度：设置图像整体亮度。图 4.15 所示为曝光度效果对比。

图 4.15　曝光度效果对比

对比度：调整对比度，主要影响中间色调。增加对比度，暗部更暗，亮部更亮；反之，相反。图 4.16 所示为对比度效果对比。

图 4.16　对比度效果对比

高光：调整图像明亮区域。减少高光可以凸显高光部分的细节；反之，高光变亮，细节隐藏。图 4.17 所示为高光效果对比。

阴影：调整图像较暗区域。增加则使阴影变亮，恢复阴影部分的部分细节；反之，阴影变暗。图 4.18 所示为阴影效果对比。

白色色阶：增加使更多高光区域变成白色，反之可减少高亮区域。图 4.19 所示为白色色阶效果对比。

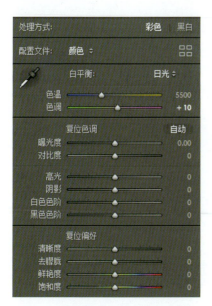

图 4.14　Lightroom 色彩处理面板

图 4.17　高光效果对比

图 4.18　阴影效果对比

图 4.19　白色色阶效果对比

黑色色阶：增加可减少暗部，反之可使更多阴影区域变成黑色。图 4.20 所示为黑色色阶效果对比。

图 4.20　黑色色阶效果对比

清晰度：可以通过增加局部对比度来增加图像的深度，让远处的物体变得更清晰，类似于相机景深效果。图 4.21 所示为清晰度效果对比。

图 4.21　清晰度效果对比

去朦胧：同时调整对比度和清晰度，去除拍摄过程中由于天气影响而产生的效果。图 4.22 所示为去朦胧效果对比。

图 4.22 去朦胧效果对比

鲜艳度：更改所有低饱和颜色的饱和度，对高饱和的颜色影响较小。图 4.23 所示为鲜艳度效果对比。

图 4.23 鲜艳度效果对比

饱和度：对全图所有颜色的饱和度进行调整。图 4.24 所示为饱和度效果对比。

通过灵活应用参数调整好后，可以将图片调整到合适的色彩程度。图 4.25 所示为图像调色前后效果对比。

图 4.24　饱和度效果对比

图 4.25　图像调色效果对比

4.2.3　素材的导出

在调整色彩之后回到图库模块，选择需要导出的图片，在列表栏下方单击"导出"按钮，如图 4.26 所示。

导出时，有两个需要注意的地方，首先是最好将导出目录设置在原照片文件夹，方便后期查找。图 4.27 所示为导出文件夹设置。

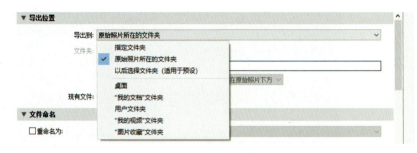

图 4.27　导出文件夹设置

若导出图像格式为 .jpg，图像品质一定要选择"100"，以减少图像压缩。图 4.28 所示为导出格式和品质设置。

图 4.28　导出格式和品质设置

图 4.26　"导出"按钮

第 5 章
VR 实景图片的拼接

5.1 认识 PTGui

VR 实景图片的拼接软件众多，本书以最广泛使用的 PTGui 为例进行讲解。PTGui 是一款功能齐全、性能强悍的图片拼接软件，其作用是进行图片的拼接。作为专业的拼接软件，PTGui 可以将图片对齐、融合并输出。

PTGui 在 VR 实景合成中的主要功能如下。

① 自动和手动混合拼接全景图。

② 预览拼接效果。

③ 蒙版。

④ 水平校正 VR 实景图。

⑤ 输出 VR 实景图。

5.2 PTGui 的操作界面

图 5.1 所示为 PTGui 软件界面。

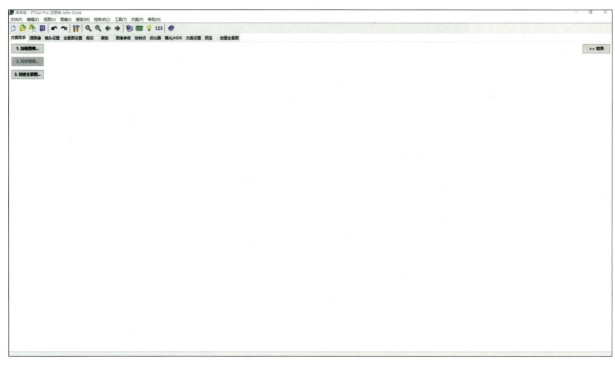

图 5.1 PTGui 软件界面

整个界面分为菜单栏、快捷方式栏、主要工具窗，如图 5.2～图 5.4 所示。

在主要工具窗口中，可以看到有三个很明显的按钮，在实际的操作中，若拍摄步骤没有出现明显问题，这三个按钮也就是一张 VR 实景图片拼接的步骤。图 5.5 所示为 PTGui 基础工作流程按钮。

图 5.2 PTGui 菜单栏

图 5.3 PTGui 快捷方式栏

图 5.4　PTGui 主要工具窗

图 5.5　PTGui 基础工作流程按钮

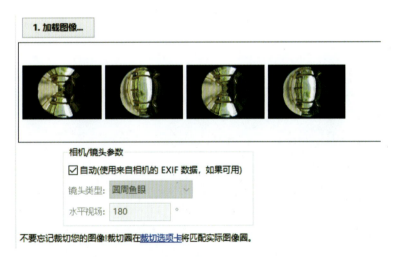

图 5.6　导入素材

在使用鱼眼镜头拍摄的情况下，相机镜头参数能被软件识别到，自动默认为镜头的拍摄参数。如果不是鱼眼镜头或镜头参数被修改导致软件无法识别，需要手动填写实际的镜头类型和参数。图 5.7 所示为镜头类型选择下拉菜单。

2. 对准图像

这个步骤中，软件会自动识别素材图片中的相似部分，将素材图片合成 VR 实景图片，并弹出"全景图编辑器"进行预览，此时的预览是有压缩的。图 5.8 所示为图像对准进度条。图 5.9 所示为对准后弹出的效果图界面。

※ 5.3　PTGui 合成 VR 实景图的方法

1. 自动和手动混合拼接全景图

将图片导入 PTGui，直接将素材图片拖入软件界面中，软件会自动加载图片。图 5.6 所示为导入素材后的界面。

如图 5.9 所示，此时的 VR 实景图片显示上下颠倒，并且图片中有明显错误。上下颠倒是因为拍摄时的相机位置有问题，使用"123"（数字转换）功能可以修改。图 5.10 所示为"123"按钮。

单击"123"按钮打开"数字转换"界面，此处的"X 轴方向"表示的是水平调整图片位置，"Y 轴方向"表示的是垂直调整图片位置，"Z 轴方向"表示的是以当前图片的中心点旋转图片。在"Y 轴方向"上填上"180"，单击"应用"按钮，将图片调整到正确的位置上。图 5.11 所示为单击"123"按钮后弹出的界面。

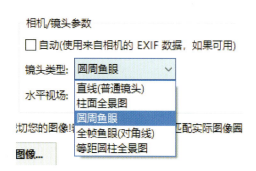

图 5.7　镜头类型选择

图 5.8　图像对准进度条

图 5.9　对准效果图界面

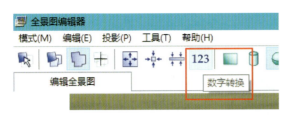

图 5.10 "123"按钮

现在的图片被调整到了正确的视角，如图 5.12 所示。但是图片的内容是错的，这是因为拍摄环境相对单一，多数位置内容大致相同，软件无法识别到正确的位置，此时需要通过使用手动调整控制点的方法来获得正确的 VR 实景图片。

图 5.11 "数字转换"界面

※ 5.4 PTGui 手动设置控制点

回到 PTGui 界面，在工具栏上单击"控制点"选项，进入控制点编辑界面。图 5.13 所示为"控制点"按钮。图 5.14 所示为控制点编辑界面。

图 5.12 图像翻转后效果

图 5.13 "控制点"按钮

图 5.14 控制点编辑界面

图片中的数字代表控制点顺序,相邻的图片必定有控制点联系,而本案例中控制点联系出错,需要先删除控制点。在界面下方找到控制点列表,如图 5.15 所示。

单击一个控制点,使用 Ctrl+A 组合键全选控制点,按 Delete 键删除全部控制点,此时图片界面中控制点信息全部消失。图 5.16 所示为删除所有控制点。

注意图片界面上方的数字标识,数字代表图片顺序。选中一个图片后,另外一侧的黑体数字表示和本图片有联系,没有黑体则表示和本图片没有联系。删除 0 和 1 控制点之后,此时两侧的 0 和 1 均为普通字体效果,没有黑体。图 5.17 和图 5.18 显示了两张图像之间是否有控制点存在。

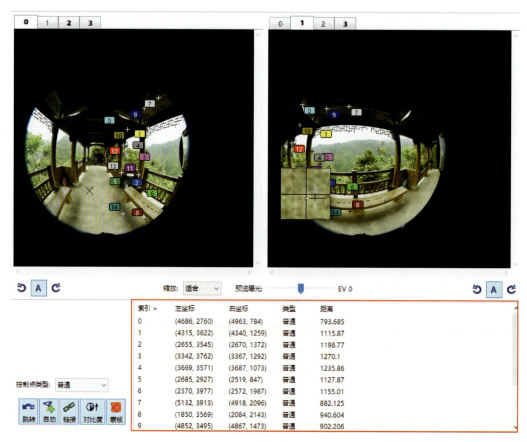

图 5.15 控制点列表

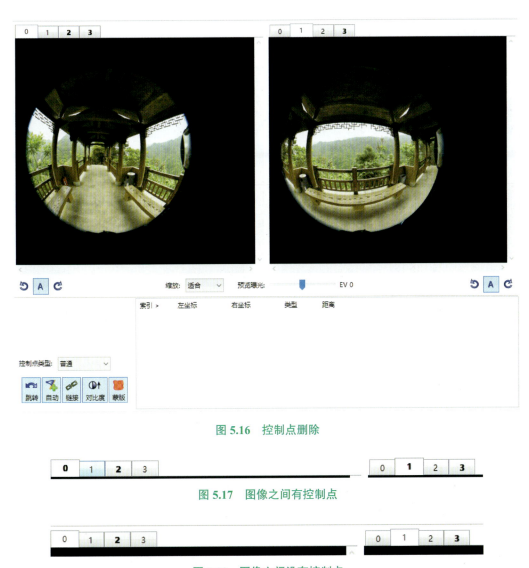

图 5.16　控制点删除

图 5.17　图像之间有控制点

图 5.18　图像之间没有控制点

此时需要手动添加控制点，在一侧 0 图片处选择一个明显的位置，单击，确认位置。

再到另一侧 1 处，在同样的位置上使用鼠标单击，两侧图片会自动出现一个数字，表示控制点建立成功。如图 5.19 所示，为两张图片添加控制点。

继续找相同的位置持续添加控制点，一般在添加 5 个之后，如果继续添加，软件就会自动识别到两侧相同的位置，只需要单击一侧，另外一侧就会自动添加。但是需要注意的

图 5.19　添加控制点

是，自动添加的控制点不一定准确，需要检查一下。图 5.20 所示为系统自动匹配控制点。

持续添加 10～20 个控制点即可，添加控制点完成后，需要进入"优化器"进行优化，这一步是必需的，只要改变了控制点，必定需要进行优化。图 5.21 所示为"优化器"按钮。图 5.22 所示为优化器界面。

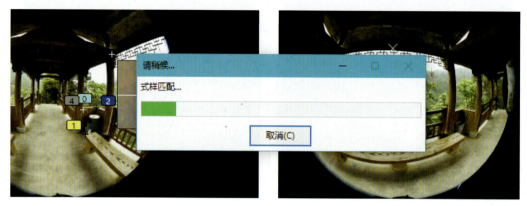

图 5.20　自动匹配控制点

图 5.21　"优化器"按钮

为了方便，在"将镜头畸变减到最小"后面的下拉菜单中选择"严重 + 镜头位移"，如图 5.23 所示。

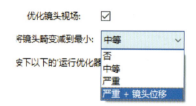

图 5.23　畸变等级下拉菜单

单击"运行优化器"按钮，此时软件会自动计算优化效果。如果控制点添加正确，会显示绿色"好的"之类的字样，单击"确定"按钮应用即可；如果是红色"差极了"字样，需要重新添加。图 5.24 和图 5.25 所示为不同等级的优化程度。

回到"全景图编辑器"观看效果。图 5.26 所示为优化器优化后的效果。

此时可以看出图像已经没有明显的错误了，但是画面还是扭曲的，使用数字转换功能可以将视图调整到正确的观看视角。用鼠标在画面内按住左键拖动，按住右键旋转，也可以达到同样的效果。图 5.27 所示为水平校正后的图像显示效果。

调整完成后，单击"显示细节查看器"按钮观看合成效果，此时的观看效果是未经压缩的实际尺寸效果。图 5.28 和图 5.29 所示为细节查看器按钮和细节查看器观看界面。

图 5.22　优化器界面

图 5.24 好的优化程度

图 5.25 差的优化程度

图 5.26 优化后的效果

图 5.27 水平校正后的效果

图 5.28 细节查看器按钮

5.5 蒙版的使用

PTGui 的蒙版起到遮罩的功能。用于处理合成画面中出现的"虚影"或需要选择性显示的物体。

如图 5.30 所示,画面中并未显示有白衣男子,而素材图片中出现了,这是因为在两张素材图片的拍摄过程中,这个白衣男子走出了画面的范围,如果需要显示,就需要采用蒙版功能。图 5.30 所示为删除人物后的出图效果,图 5.31 所示为原素材中有人物和没有人物的画面。

单击编辑栏中的"蒙版"按钮,如图 5.32 所示。

图 5.29 细节查看器观看界面

图 5.30 出图效果

图 5.31　素材图显示

图 5.32　"蒙版"按钮

进入蒙版界面后，可以看到类似控制点的界面，区别在于界面下方变成了蒙版选项，如图 5.33 所示。

图 5.33　蒙版操作按钮

红色表示强制遮盖，可以去除不需要的画面。

绿色表示强制显示，可以显示被软件合成过滤但是有需要显示的画面。

白色表示的是擦除蒙版功能。

此处以显示白衣男子为例，选中绿色选项，在图 5.34 中的男子身上画出蒙版，注意不要过大。PTGui 的蒙版范围是很大的，只需要画一个很小的范围就可以了。

和控制点不同的是，蒙版具有直接作用的功能，不需要经过优化。要查看效果，只要回到细节查看器中就可以了。

此时可以看到男子已被显示出来了，如图 5.35 所示。同理，可以使用红色按钮制作强制遮罩的效果。

图 5.34　蒙版显示效果

图 5.35　绿色蒙版作用效果

※ 5.6　PTGui 输出设置

调整好 VR 实景图片的各个参数后，回到 PTGui"方案助手"下，单击"创建全景图"按钮，进入输出界面，如图 5.36 所示。

需要注意的是，全景图输出界面中的图片尺寸有时不是最大尺寸，可以根据需要调整，也可以直接单击"设置优化尺寸"按钮，将尺寸直接改为最大尺寸，如图 5.37 所示。

图 5.36　输出界面

图 5.37 尺寸设置

输出界面中，其他选项不需要调整，文件输出路径默认为素材文件夹。需要注意的是，单击"输出"→"创建全景图"按钮，得到的只是一张 VR 实景图片，单击"保存并发送到批量拼接器"按钮，会同时得到 .pts 的工程文件和 VR 实景图片。此处建议使用后者，保留工程文件有利于以后做修改，如图 5.38 所示。

图 5.38 输出按钮

第 6 章
VR 实景图片后期

※ 6.1 VR 实景图片后期软件

6.1.1 认识 Photoshop

Adobe Photoshop 是一款功能强大的图像工具，能够帮助用户制作图像图片，适用范围广泛，能够帮助用户制作出更美观的图片，为用户带来更好的图片制作效果。图 6.1 所示为 Photoshop 开启界面。

6.1.2 Photoshop 的界面

图 6.2 所示为 Photoshop 软件界面。

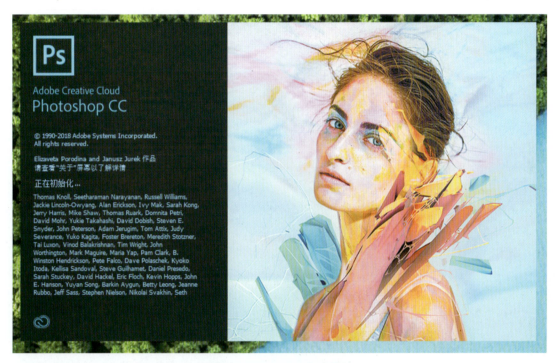

图 6.1　Photoshop 开启界面

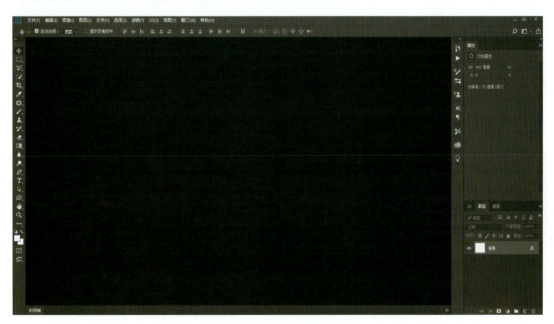

图 6.2　Photoshop 软件界面

在 Photoshop 的主界面中，分为如下几个功能区。

菜单栏：可以找到 Photoshop 中所有的工具，如图 6.3 所示。

属性栏：调整对应工具和对象的参数，如图 6.4 所示。

常用工具栏：经常使用的工具，如图 6.5 所示。

备用工具栏：调整细节的工具，如图 6.6 所示。

画布：主要效果显示窗口，如图 6.7 所示。

拾色器：调整颜色参数，如图 6.8 所示。

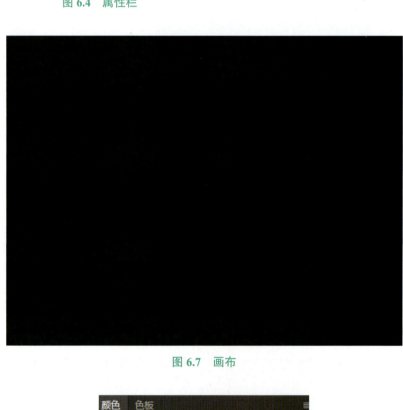

图 6.3　菜单栏

图 6.4　属性栏

图 6.7　画布

图 6.5　常用工具栏

图 6.6　备用工具栏

图 6.8　拾色器

调整栏：常用调整方式，如图 6.9 所示。

图 6.9　调整栏

图层面板：图像控制中心，如图 6.10 所示。

图 6.10　图层面板

6.1.3　Photoshop 的工具

在常用工具栏中，有 Photoshop 常用的功能，但是在 VR 实景图片的处理中，并不需要每一个都用到，

本书挑选几个常用的功能进行讲解。图 6.11 所示为 Photoshop 常用工具及快捷键。

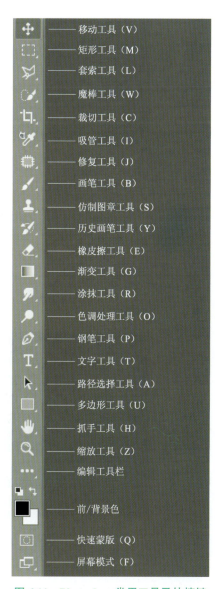

图 6.11　Photoshop 常用工具及快捷键

套索工具，快捷键是 L，分为套索和多边形套索。在 VR 实景图片的后期处理中，常见的是错位修补。如果在 VR 实景图片中出现轻微的错位，可以使用套索功能选择需要修补的错位区域，如图 6.12 所示。

按快捷键 Ctrl+J 复制出选择的区域图层，再按快捷键 Ctrl+T 打开 Photoshop 的自由变换工具，右击，选择一种变换方式，推荐使用"斜切"或"透视"，如图 6.13 所示。

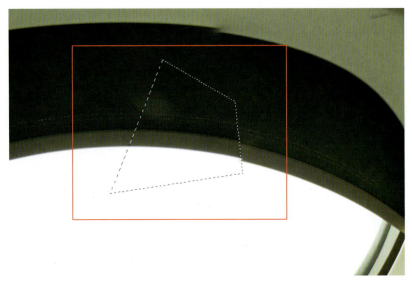

图 6.12 套索工具示例

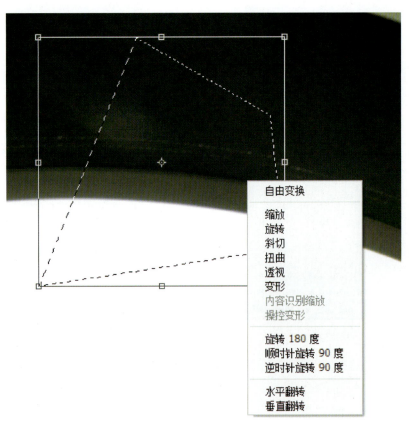

图 6.13 自由变换工具

拖动选框边缘，将图片的错位拖动到合适的位置上。图 6.14 所示为修补后的效果。

仿制图章工具，快捷键为 S，可将一幅图像复制到同一幅图像或另一幅图像中，用来修复损坏的图像。使用方法是按 Alt 键取样，到目标位置单击即可。

按快捷键 Ctrl+E 合并刚才复制出来的错位调整图层，使用仿制图章工具修补图像，如图 6.15 所示。

图 6.14　自由变换修补后的效果

图 6.15　仿制图章工具修补后的效果

※ 6.2　VR 实景航拍补天

在航拍的过程中，由于飞行器摄像头仰角的限制，天空势必出现漏洞，如图 6.16 所示。

在 Photoshop 中载入一个天空全景素材，天空大小与全景图片对齐，如图 6.17 所示。

如果是晴天，需要注意太阳的位置，使用 Photoshop 滤镜位移工具，将两张图片的太阳调整大致重合，如图 6.18 所示。

添加蒙版，选择渐变工具，渐变类型选择中灰密度。按住 Shift 键，拉渐变，可以多拉几次达到效果，如图 6.19 所示。

图 6.16　航拍 VR 实景图片

图 6.17　拖入补天素材

图 6.18　太阳位置

图 6.19　渐变效果

合并图层，使用 Camear RAW 调色，调色选项与 Lightroom 的基本相同，如图 6.20 所示。

图 6.20　Camear RAW 调色

调色完成后，VR 实景航拍作品完成，如图 6.21 所示。

图 6.21　最终效果

6.3 VR 实景图片补地

6.3.1 认识 Pano2VR

补地需要使用 Pano2VR 软件，这个软件除了补地之外，还可以制作 VR 实景漫游。

6.3.2 Pano2VR 的界面

Pano2VR 的界面如图 6.22 所示。

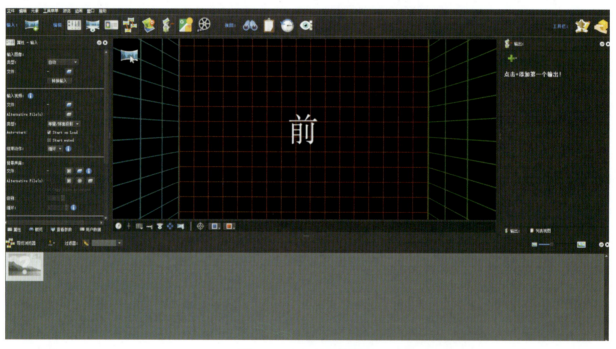

图 6.22　Pano2VR 的界面

该界面可以分为菜单工具栏、输入属性区、全景预览窗、输出设置区、导览浏览器。

菜单工具栏如图 6.23 所示。

输入属性区如图 6.24 所示。

全景预览窗如图 6.25 所示。

图 6.23　Pano2VR 菜单工具栏

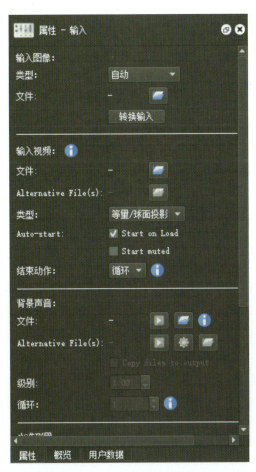

图 6.24　Pano2VR 输入属性区

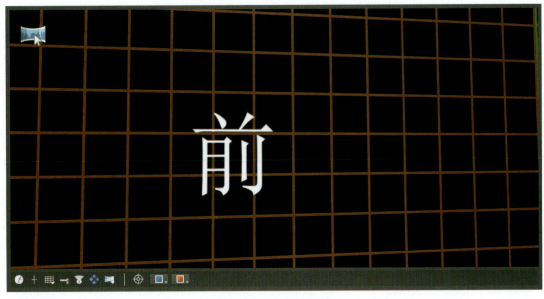

图 6.25　全景预览窗

输出设置区如图 6.26 所示。

图 6.26 Pano2VR 输出设置区

Pano2VR 可将 VR 实景图片制作出 VR 实景漫游作品，方便观看者查看。制作 VR 实景漫游的第一步需要导入 VR 实景图片。在 Pano2VR 中，有两种方法可以导入 VR 实景图片。

方法一：

单击"输入"按钮，如图 6.27 所示。

图 6.27 "输入"按钮

在弹出的文件夹中选择要添加的 VR 实景图片。若需要一次性选择多张图片，可按住 Ctrl 键，通过使用鼠标单击的方式选择多张图片一次性输入。再单击"打开"按钮，插入 VR 实景图片，如图 6.28 所示。

图 6.28　插入图片

方法二：

打开 VR 实景图片所在文件夹，直接将 VR 实景图片拖入导览浏览器中，拖入的 VR 实景图片会在导览浏览器中显示，如图 6.29 和图 6.30 所示。

图 6.29　图片选择

图 6.30 拖入图片

6.3.3 Pano2VR 打补丁

因为在拍摄的过程中使用了三脚架，通常合成后的 VR 实景图片会出现三脚架的脚架和影子，或者拍摄者的影子，如图 6.31 所示。这些小瑕疵需要进行修补，这样 VR 实景图片才能更加美观。

首先，导入需要修补的 VR 实景图片，将鼠标移动至预览窗口左上角预览标识上，此时会出现功能选择菜单，如图 6.32 所示。

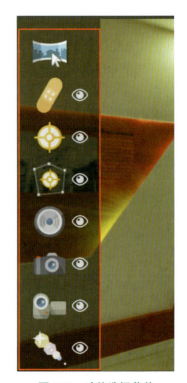

图 6.32 功能选择菜单

将鼠标移动至第二个补丁标识上，单击"确认"按钮，预览窗口右上角的标识就变为补丁标识，表示此时可以进行打补丁的操作，如图 6.33 所示。

在预览窗口内按住鼠标左键拖拽视角，将视角调整为需要进行打补丁操作的位置上，如图 6.34 所示。

确认需要进行打补丁的位置之后，在预览窗口中双击，会出现补丁界面，如图 6.35 所示。

在补丁界面下，选择补丁界面四角小红点，按住鼠标左键并移动鼠标，可以调整补丁界面的大小，如图 6.36 所示。

图 6.31 有影子的素材

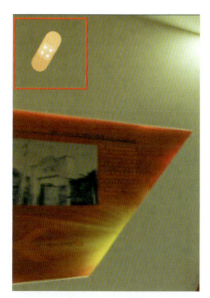
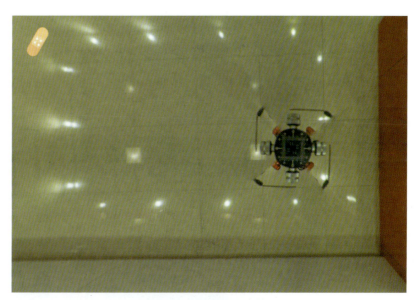

图 6.33 补丁标识

图 6.34 地面黑洞位置

图 6.35 补丁界面

图 6.36 调整补丁界面大小

选择补丁界面中心的圆周色块区域，按住鼠标左键并移动鼠标，可以转动补丁界面的方向，如图6.37所示。

选择补丁界面中心带有创可贴标识的色块区域，按住鼠标左键并移动鼠标，可以以原补丁的中心为中点，改变补丁界面的透视方向，如图6.38所示。

确定好所需要的补丁大小及方向之后，在输入属性栏下方单击"提取"按钮，如图6.39所示。

之后补丁会出现在指定的路径文件夹内，一般情况下默认存储在原素材的文件夹内，将补丁文件导入Photoshop中进行修复。将补丁修复好之后，软件会自动识别到补丁图片的修改结果，并在预览窗口显示，如图6.40所示。

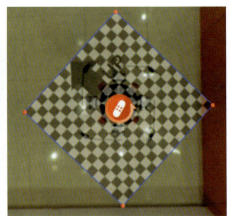

图6.37　调整补丁方向

图6.38　调整补丁透视

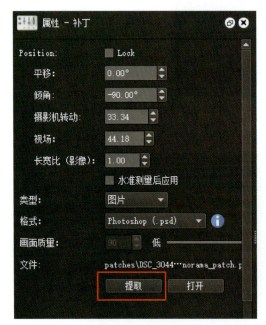

图6.39　提取补丁

图6.40　修改之后的补丁

此时三脚架就算完全遮盖完成，地面补丁修补完成。同理，完成天空或其他地方补丁的修改。

注意：在提取了补丁文件之后，绝对不可以改变补丁界面的大小及方向，也不可改变补丁文件的路径，否则，会出现补丁错位，失去了打补丁的意义，还有可能会导致软件无法识别补丁，达不到打补丁的效果。

打补丁完成之后，再次将鼠标移动到预览窗口的左上角，重新选择第一种操作模式，即属性操作模式，然后选择属性栏中"输入图像"→"文件"→"转换输出"来设置VR实景图像输出参数，如图6.41所示。

图 6.41　导出图片按钮

单击"转换输入"按钮之后会出现"转换全景"选项弹窗，如图6.42所示。

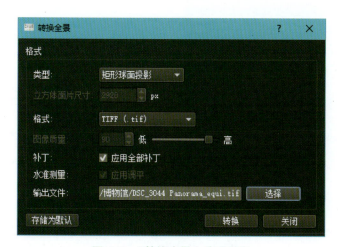

图 6.42　"转换全景"选项弹窗

"类型"一定要选择"矩形球面投影"，以方便常规观看，如图6.43所示。其他图片类型在专业的VR实景看图软件中可以观看，但不利于常规看图软件的观看和后期软件进行修改。

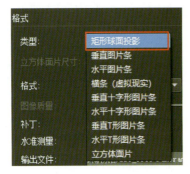

图 6.43 图像类型选择

具体使用的图片格式看后期展示的需求,但是需要注意的是,如果选择 JPG 或其他一部分格式,会出现图像质量选择选项,根据实际的需求调整图像质量,如图 6.44 所示。

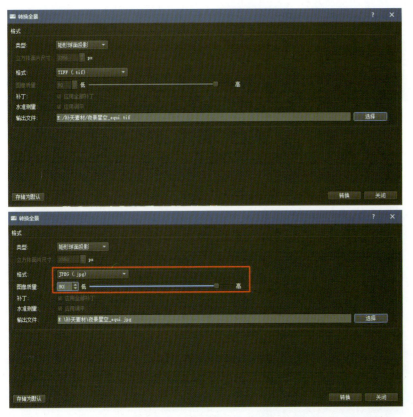

图 6.44 图像格式和质量

"应用全部补丁"选项也记得要勾选,否则不会应用修不好的补丁,如图 6.45 所示。

图 6.45 应用补丁选项

"输出文件"选项中,可以选择输出文件的位置,默认在源文件的文件夹中。

第 7 章
VR 实景漫游制作

VR 实景漫游是一种新型的媒体展现方式，可以在由 VR 实景图像构建的虚拟实景空间里进行自由切换，达到漫游不同场景的效果。

制作 VR 实景漫游的工具有许多，本书讲解的是之前提过的软件 Pano2VR。首先回顾一下此软件的界面，如图 7.1 所示。

图 7.1　Pano2VR 界面

※ 7.1　添加热点

在 VR 实景漫游中，最重要的表现形式就是漫游，作为初学者，本章节学习的重点是如何将多个 VR 实景图片连接起来，逐个浏览观看。Pano2VR 可以输入的 VR 实景图片场景在理论上不受个数限制，实际需要考虑的是制作电脑的承载能力。输入多个场景后，软件默认要将它们联系在一起。

输入 VR 实景图片后，被添加的 VR 实景图都会在导览浏览器中显示，但是每个 VR 实景图左下角都会有一个黄色三角形叹号标志，这个标志表示这个场景（VR 实景图）没有进入和离开的热点，也就是这个场景没有链接到其他场景，且其他场景也没有链接到这个场景。

当添加了"进入"和"离开"的热点以后，黄色三角形叹号标志就会消失。接下来具体讲解如何添加 VR 实景热点。

首先将鼠标移动至预览窗口左上角预览标识上，此时会出现功能选择菜单，选择"指定热点"命令，如图 7.2 所示。

在预览窗口中单击需要插入热点的位置，双击鼠标插入热点，预览窗口中会出现红色的准心标识，此时处在热点编辑状态，如图 7.3 所示。

图 7.2　"指定热点"命令

图 7.3 添加热点效果

图 7.5 热点类型选择

图 7.6 皮肤 ID 设置

同时，左边参数栏中的参数选项发生变化，切换为参数调整选项，如图 7.4 所示。

标题和描述，可以填充文字。在导览节点中，标题的作用是在鼠标经过热点时显示此热点通往场景的名称。如果填写了描述内容，会在鼠标经过和停留时一同显示。

链接目标网址，指的是单击之后通往的场景，需要在下拉菜单中选择想要指定的 VR 实景图片，如图 7.7 所示。

图 7.7 链接目标网址

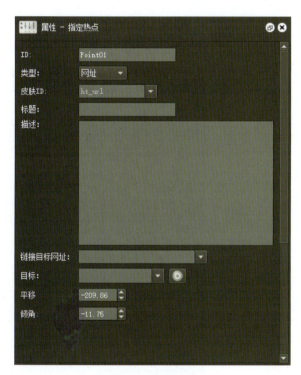

图 7.4 热点属性

ID 就是当前场景的名字。通过 ID 来确认和辨别所处场景的位置。一般默认的 ID 为 PointXX（XX 为数字顺序）。

类型指的是通过单击此热点将达到的效果，本节内容主要讲解热点设置，所以将类型选择为"导览节点"，如图 7.5 所示。

皮肤 ID 指的是为热点链接制作的"皮肤"，即 UI 图标，指向对应皮肤文件中的热点皮肤 ID。可以自带皮肤文件中热点皮肤的默认 ID，也可以通过自己制作指定文件来更换不同的 ID 图标，如图 7.6 所示。

目标，指的是通过热点进入链接场景后的视角。可以在选择目标场景后输入目标数值，指定进入热点链接场景后的视角。通常并不以参数输入，而是单击后面的红圈，在弹出的小窗口中有目标场景的预览，直接拖动鼠标，确定目标视角，如图 7.8 所示。"前进"的意思是以当前场景的视角进入下一个场景，"后退"的意思是以当前相反的视角进入下一个场景。目标全景如图 7.9 所示。

图 7.8 目标视角选择

图 7.9 目标全景

平移和倾角是热点在场景空间中的位置，可以通过这两个参数来改变热点的位置。改变平移值，热点将会水平移动；改变倾角值，热点将会垂直移动。更方便的方法是直接在预览窗口中拖动热点来改变位置，如图 7.10 所示。

图 7.10 热点位置微调

如果发现热点设置错误，只需要鼠标单击选中的热点，按 Delete 键，即可删除选中的热点。

以上只是对热点进行输入操作，在热点输入操作完成之后，还需要对热点进行输出设置。观看右侧输出栏，下面对输出栏选项的主要部分进行讲解，如图 7.11 所示。

皮肤，单击下三角按钮可以选择皮肤，不同的皮肤将会呈现不同的 UI 效果，如图 7.12 所示。

自动旋转 & 动画，"飞入"设置的是进入 VR 实景漫游的效果，单击蓝色感叹号，在参数栏会出现飞入效果选项；速度设置飞入效果的表现速度。如图 7.13 和图 7.14 所示。

图 7.11 输出属性区

图 7.12 皮肤类型选择

图 7.13 进入效果

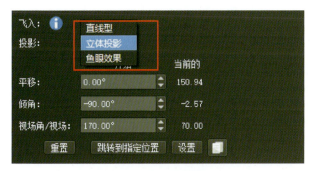

图 7.14 进入类型选择

自动旋转，一般情况下勾选此项，可以使场景按照设置进行旋转，有利于观看者观看，如图 7.15 所示。

图 7.15 自动旋转功能

动画，勾选后，在进入场景时，将播放设置的内容而不是自动旋转，如图 7.16 所示。

图 7.16 动画界面

转换/过渡，指的是场景之间切换的效果，还可以设置进入先后的效果。如图 7.17～图 7.20 所示。缩放 FoV 和变焦则可以设置切换场景的视角变化。声音则是过渡的切换提示音。

图 7.17 "转换/过渡"界面

图 7.18 过渡类型

图 7.19 过渡类型－前

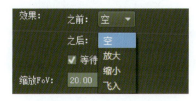

图 7.20 过渡类型－后

热点，"热点文本框"设置的是前面提到的"标题"的内容，在鼠标经过热点时，会显示标题所填写的内容。默认勾选"热点文本框"，在鼠标经过热点时，即使此处没有填写标题内容，也会出现一个白色的文本框，大小是默认的宽高像素。如果不勾选，鼠标在经过时，将不会显示文本框。大小，是文本框的大小，单位是像素，也可以勾选"自动"，让软件根据文本的大小自适应文本框的大小。文本框的背景和边框颜色，也可以去掉"可见的"勾选。边框的"半径"指的是设置文本框时显示的圆角，0是默认不带弧度的直角，改变数值，文本框将变成圆角矩形，数增越大，角度也将不断变大，如图7.21所示。

※ 7.2 添加多边形热点

讲解完热点之后再来看一个和热点功能类似的功能——多边形热点，同样，将鼠标移动至预览窗口左上角标识区域，在选择菜单中选择"指定热点"命令。前面所说的热点是一个点状的映射区域。多边形热点可以理解成是一个区域状的热点，区域可以是任意多边形。选择"多边形热点"后，可以使用鼠标在预览窗口中双击，任意勾画多边形区域。注意起点和终点需要闭合，在起点处双击鼠标左键闭合区域，完成多边形绘制，如图7.23所示。

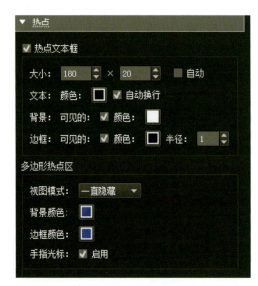

图 7.21　热点文本框

图 7.23　多边形热点

以上就是热点添加的主要内容，有兴趣的读者也可以设置其他参数来实现更多的效果。导览窗口中，每一个场景都添加了热点之后，场景的黄色三角形感叹号标识将会消失，如图7.22所示。

多边形热点与热点的设置大致相同，但是需要注意的是，多边形热点没有皮肤编辑选项，并且参数栏里的类型也只有"网址"和"导览节点"，如图7.24所示。

图 7.22　漫游热点链接效果

图 7.24　多边形热点类型

此外，由于没有了皮肤设置，多边形热点区域可以设置区域颜色，这个功能的作用在于提示观看者单击。"视图模式"的多个选项解释：

一直显示，与一直隐藏相反，勾绘的热点区域轮廓是显示的。

显示当前的，区域轮廓不显示，但在鼠标进入区域后会显示。

全部显示，如果场景中有多个热区，鼠标进入其中一个热区内，场景中所有的热区都将显示。

手指光标，鼠标经过时显示手指样的图标，可以去掉勾选，变成默认的指针状。

如图 7.25 ～图 7.27 所示。

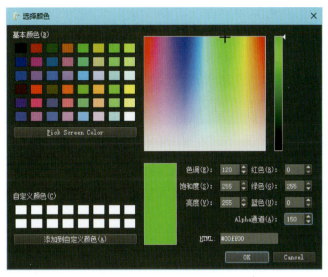

图 7.28　颜色界面通道选择

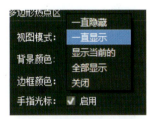

图 7.25　多边形热点区域显示选项

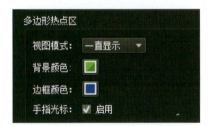

图 7.26　多边形热点界面

图 7.27　多边形热点显示效果

多边形热点需要注意的是"Alpha 通道"这个选项，它的作用是设置透明度，0 是全透明，255 是不透明，中间数值是不同程度的半透明，如图 7.28 所示。

※ 7.3　添加声音

音乐分为两种：一种是背景音，一种是环境音。

单击"工具栏"中的"属性"选项，在参数栏下方会出现背景声音文件选项，如图 7.29 所示。

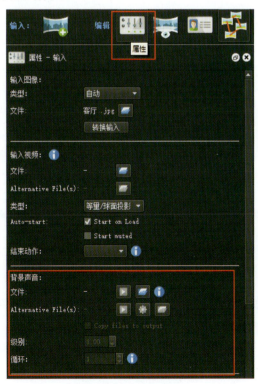

图 7.29　输入背景音乐

单击选择声音文件，可自定义添加背景音乐，如图 7.30 所示。右击文件，可选择"删除"。

图 7.30　添加背景音乐

级别，设置插入音乐的音量大小，默认是 1，即原始文件的音量。如果声音文件的音量较大，可以通过修改数值来调整音量大小。

循环，设置背景音乐的播放次数，默认是 1。播放一遍后停止，可以自定义循环播放的次数。如果需要无限循环，数值设置为 0。如图 7.31 所示。

图 7.31　音乐播放选项

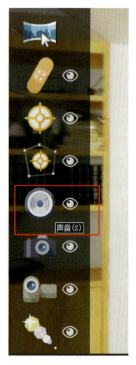

图 7.32　"声音"命令

背景音设置中需要注意的问题是，可以给每个场景都设置背景音乐。但如果需要整个漫游都播放一首音乐，只需在第一场景设置背景音乐就可以了。

对于环境音设置，同样是插入音乐文件。除了背景音之外，还可以设置场景节点解说音频文件。将鼠标移动至预览窗口左上角标识，在出现的功能选择菜单中选择"声音"命令，如图 7.32 所示。

和添加热点一样，在预览窗口中双击，添加音乐文件热点，如图 7.33 所示。

添加了音乐文件之后，画面出现一个黄色的区域，此时属性栏跳转成音频调整界面，如图 7.34 所示。

图 7.33　添加环境音位置

环境，是超出场地大小后的音量。建议维持或不要高于 0.1，因为这个环境音量大了，递减的效果就不明显了，失去了音场的最佳效果。如果设置环境值为 1，就完全没效果。如图 7.36 所示。

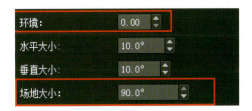

图 7.36　环境参数选择

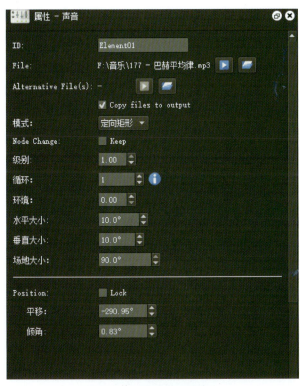

图 7.34　环境音属性区

前面几个参数和设置背景音的相同，模式指的是赋予音场特效的功能，有几种模式供选择，如图 7.35 所示。

图 7.35　播放模式选择

默认的是定向矩形，和定向循环一样，有音场特效。其余的没什么效果，和添加静态背景音乐的效果一样。

水平大小和垂直大小是插入声音文件虚拟音源的占位大小，默认 10°。这两个的参数可以理解为声音音量 1（最大）的区域。如果定向循环，此处只有一个水平大小。

与背景音相对不同的是环境和场地大小，默认参数分别是 0 和 90°。

场地大小是声音音量递减的覆盖区域，以音源为中心，向左或向右 90°范围内声音是递减的，递减到环境音量，默认是 0，也就是递减到没有声音。如果使用耳机，是一种左右声道的递减，使音频文件更具有"立体"效果。

※ 7.4　添加图片

在漫游中插入图片的操作方法和添加环境音的类似，将鼠标移动至预览窗口左上角标识，在出现的功能选择菜单中选择"图像"命令，如图 7.37 所示。

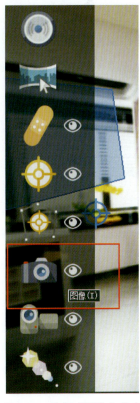

图 7.37　选择"图像"命令

在预览窗口中，在需要的位置双击，以添加图像文件，如图 7.38 所示。

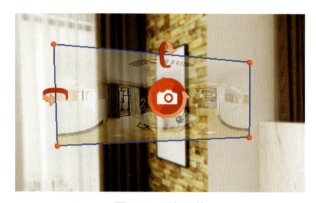

图 7.38　添加图片

图片参数区域如图 7.39 所示。

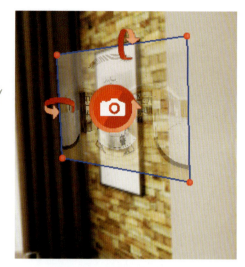

图 7.40　图像旋转画面显示

图 7.41　图像移动参数

视场角/视场，表示图片在空间的大小，直接在预览窗口中上下拖动图片的定点来调整大小。

垂直拉伸，数值大于 100% 表示拉伸，小于 100% 表示压缩，将数值调小可以进行垂直方向的压缩。如图 7.42 所示。

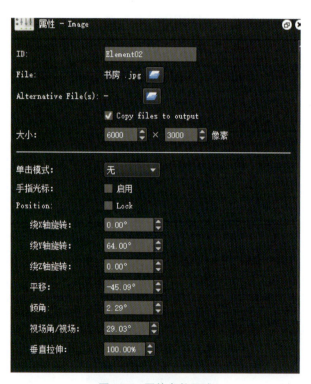

图 7.39　图片参数区域

插入图片后，需要对插入的图片进行调整，目的是使图片更契合场景。可以通过左边的区域设置参数，也可以直接对右边的图片通过鼠标拖动调整。初步调整图片在预览窗口中的大小，鼠标左键按住图片四个角的其中一个，上下拖动，缩放其大小。三个旋转箭头分别表示不同的旋转方向，如图 7.40 所示。参数区也有相应的微调选项，如图 7.41 所示。

图 7.42　图像拉伸

单击模式，有两种，即正常弹出和100%弹出，如图7.43所示。

图7.43 图像交互下拉菜单

正常弹出是指单击插入的图片，图片由契合场景的状态弹出放大，放大到原本自身的尺寸。适用于插入的图片尺寸不大的情况。如果尺寸过大，超出浏览器显示区域，则超出的部分将会看不到。

100%弹出是指单击弹出图片，不会超出浏览器显示范围，而是会占满浏览器的宽或高，视图片的宽高比例而定。

不论使用哪个模式，再次单击弹出的图片，图片将会恢复到插入的状态。

图7.44 "视频"命令

※ 7.5 添加视频

将鼠标移动至预览窗口左上角标识，在出现的功能选择菜单中选择"视频"命令，如图7.44所示。

在场景中选定要添加的位置，双击鼠标，选择要插入的视频文件。视频推荐使用.mp4格式，如图7.45所示。

在预览窗口中，黑白格表示视频区域，黄色阴影是声音的音场区域。调节前，可以先将默认的声音模式"定向矩形"换成"静态"，再调节视频画面的契合度。

需要注意的是，视频的黑白格子是正方形，和视频分辨率有些出入，为了调整得准确，使所见即所得，可以将"大小"设置为原视频尺寸，使得符合视频的实际分辨率，如图7.46所示。

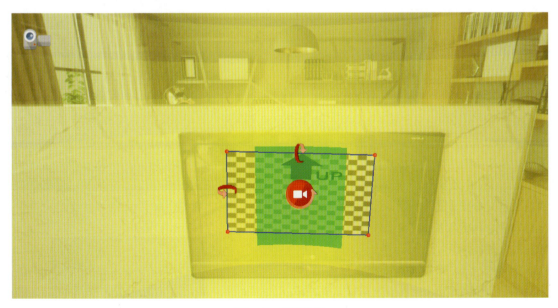

图7.45 视频添加

图 7.46 视频分辨率设置

参数大多数和音频及图片设置相同，只是在视频的"单击模式"中，除了正常弹出、100% 弹出外，还有"播放/暂停"模式。弹出模式下，和部分浏览器不兼容，不建议选择，如图 7.47 所示。

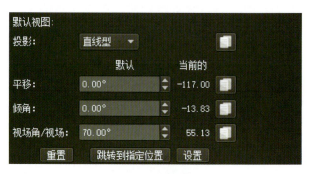

图 7.48 视角属性区域

图 7.47 视频交互下拉菜单

场景中添加的视频在移动端是没法自动播放的，拖动浏览时会自动弹出播放，这是移动端的一些规则所致，无法避免。如果需要在移动端播放，建议使用热点弹出视频。

※ 7.6 VR 实景漫游视角设置

默认视图，即进入场景后的第一视角景象。当 VR 实景图输入 Pano2VR 中时，已经默认了一个视图，平移 0°、倾角 0°，对应的是全景图片的中心位置，视场角/视场 70°，是垂直 70° 视野范围，如图 7.48 所示。如需要改变，将鼠标移动至预览窗口左上角标识，在出现的功能选择菜单中选择"选择"命令，如图 7.49 所示。

在默认视图参数中，选择想要展示的视图方向。

可以直接在预览窗口中使用鼠标拖曳到某一视角，滑动鼠标滚轮选择合适视场，此时对应的"当前的"栏中的数值，就是手动选择的视图参数值。单击"设置"按钮，便可以设置成进入场景后的默认视图。

参数后面的文本型按键，可以将当前的参数值设置到其他所有的场景节点中去，可以省去逐一设置的麻烦，如图 7.50 所示。

默认视图"投影类型"可以选择，默认是"直线型"，除此之外，还有"立体投影"和"鱼眼效果"，如图 7.51 所示。

图 7.49 "选择"命令

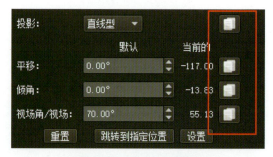

图 7.50 数值复制按钮

图 7.51 投影类型

直线型是正常看的视角效果，如图 7.52 所示。

图 7.52　直线型效果

鱼眼效果，可以滚动滚轮改变效果。视场不大，画面略显圆形；视场放大，像鱼眼镜头的成像效果；视场拉到最大时，同时容下整个视界，观看整个场景，如图 7.53 所示。

图 7.53　鱼眼效果

立体投影，视场不大时，画面也略显圆形，比鱼眼效果的变形小；视场大时，成像扭曲；当视场最大时，扭曲最为严重，如图 7.54 所示。

图 7.54　立体投影效果

※ 7.7　输出 VR 实景漫游

在设置完成基本的媒体要素之后，需要使用输出设置，将漫游输出成 HTML 效果，以方便放入服务器让观看者观看。

主要参数在漫游制作环节已经讲解，此处不再赘述，需要注意的是，输出之前需要先进行保存，之后再单击"输出"中的齿轮图标进行输出。目录默认在素材文件夹下，如图 7.55 所示。

图 7.55　输出按钮

需要注意的是，每次修改都需要单击这个按钮才能将修改应用到漫游文件中，在测试和修改的过程中容易忽略此点。